スバラシク面白いと評判の

初めから始める数学B

新課程

改訂1 revision

馬場敬之 レベル： （易）

マセマ出版社

◆ はじめに ◆

　みなさん，こんにちは。数学の**馬場敬之（ばばけいし）**です。みんな高校生活でも元気に活動していることだと思う。でも，**高 2 で習う数学 II・B**は高校数学の中でも特に内容が豊富でレベルも高いので，勉強している割には思った程成績が伸びなくて，悩んでいるかもしれないね。

　そんな数学 II・B で困っている人たちを助けるために，どなたでも読める，この「**初めから始める数学 B 新課程 改訂 1**」を書き上げたんだよ。

　この「**初めから始める数学 B 新課程 改訂 1**」は，「**同　数学 II 新課程**」の続編で，偏差値 40 前後の数学アレルギーの人でも，初めから数学 B をマスターできるように，それこそ**中学・高 1 レベルの数学からスバラシク親切に解説した，読みやすい講義形式の参考書**なんだよ。

　本書では，"**数列**"と"**確率分布と統計的推測**"の数学 B の重要テーマを**豊富な図解と例題**，それに読者の目線に立った分かりやすい**語り口調の解説**で，ていねいに教えている。

　数学 B は**数列や確率・統計といった重要な数学的要素を含んでいる**ため，これをどのように教えるべきか，毎日検討を重ねながら作り上げたものが，この「**初めから始める数学 B 新課程 改訂 1**」なんだね。だから，これまで数列や統計などの入口で躓（つまず）き，分からなくて苦しんでいた人達も，その糸口がつかめ，**数学 B の面白い世界**に一歩足を踏み入れることができるんだよ。しかも，内容は本格的だから，数学 B のシッカリとした基礎力も身に付けることができるはずだ。

　本当に数学に強くなりたかったら，焦ることはない。まず，本書で基礎力を確実に固めることだ。そして，「**基本が固まれば，応用は速い**」ので，その後，数学の学力を**飛躍的に伸ばしていく**ことも可能だよ。マセマでは，"**サクセス・ロード**"として，完璧な学習システムを確立しているので，本書をマスターした後，キミ達それぞれの目標に合わせて利用してくれたらいい。

この本は**12回の講義形式**になっており，流し読みだけなら数日程度で読み切ってしまうこともできる。まず，この**「流し読み」**により，本書の全体像をつかみ，大雑把だけれど，どのようなテーマをこれから勉強していくのかをつかんでほしい。でも，**「数学にアバウトな発想は一切通用しない」**ので，必ずその後で**「精読」**して，講義や，例題・練習問題の解答・解説を完璧に**自分の頭でマスター**するようにするんだよ。この**自分で考える**という作業が特に大切だ。

そして，自信が付いたら今度は，解答を見ずに**「自力で問題を解く」**ことだ。そして，自力で解けたとしても，まだ安心してはいけない。人間は忘れやすい生き物だから，その後の**「反復練習」**をシッカリやることだ。**練習問題**には**3つ**のチェック欄を設けておいたから，1回自力で解く毎に"○"を付けていけばいい。最低でも3回は自力で問題を解くことを勧める。また，毎回○の中に，その問題を解くのにかかった**所要時間(分)**を書き込んでおくと，**自分の成長過程**が分かって，さらにいいかもしれないね。

「流し読み」，**「精読」**，**「自力で解く」**，そして**「反復練習」**，この**4つ**がキミの実力を本物にしてくれる大切なプロセスなんだ。この反復練習を何度も繰り返して，**本物の実力**を身に付けることができるんだよ。

これまで，不安で立ちすくんでいた人たちの頭の中にも，初めはゆっくりとだろうけれど，**マセマの強力な数学エンジン**が回転をはじめるんだね。これから，数学の面白さ，楽しさが分かるように様々な話を盛り込みながら，ていねいに教えていくから，緊張する必要はないよ。むしろ，気を楽に，楽しみながらこの本と向き合っていってくれたらいいんだよ。

これで，心の準備も整った？ いいね！それでは，早速講義を始めよう！

マセマ代表　馬場　敬之（けいし）

この改訂1では，数学的帰納法の例題をより教育的な問題に差し替えました。

◆ 目 次 ◆

第1章 数列

第2章　確率分布と統計的推測

◆ *Appendix*（付録）

◆ *Term・Index*（索引）

第 1 章
CHAPTER

① 数 列

テーマ

▶ 等差数列・等比数列

▶ Σ 計算，S_n と a_n の関係

▶ 漸化式（等差型，等比型，

　　　　　　階差型，等比関数列型）

▶ 漸化式の応用，群数列

▶ 数学的帰納法

1st day 等差数列，等比数列

今日は，さわやかな天気で気持ちがいいね。サァ，今日から気分も新たに"**数列**"の解説に入ろう。これは，試験でも頻出の分野で，また他の分野と融合して出題されることも多いのでシッカリマスターしておく必要があるんだよ。でも，だからといって，ビビる必要はまったくないよ。分かりやすく教えるからね。

今日の講義では，まず，数列の中で最も基本となる"**等差数列**"と"**等比数列**"について，詳しく解説しようと思う。それじゃ，みんな準備はいい？

● 等差数列では，初項と公差を押さえよう！

"**数列**"とは，文字通り数の列のことなんだけれど，これからは"ある規則性をもって並んだ数の列"のことを"**数列**"と呼ぶことにしよう。

一般に数列は，下に示すように，横1列に並べて表示し，これをまとめて数列$\{a_n\}$と表したりもする。

$$a_1, \quad a_2, \quad a_3, \quad a_4, \quad \cdots\cdots$$

初項（第1項）　第2項　第3項　第4項

下付きの添字の自然数1，2，3，4，…によって，初めから何項目かが分かるだろう。そして，a_1を"**初項**"または"**第1項**"と呼び，順にa_2を"**第2項**"，a_3を"**第3項**"，…と呼ぶ。特に，初項（第1項）については，a_1の添字を取って，初項aとシンプルに表すこともあるんだよ。

数列$\{b_n\}$や数列$\{x_n\}$も，同様にそれぞれ次の数列を表すのもいいね。

$$b_1, \quad b_2, \quad b_3, \quad b_4, \quad \cdots \quad \longleftarrow \boxed{\text{数列}\{b_n\}\text{のこと}}$$

$$x_1, \quad x_2, \quad x_3, \quad x_4, \quad \cdots \quad \longleftarrow \boxed{\text{数列}\{x_n\}\text{のこと}}$$

それでは，数列の中で最も基本となる"**等差数列**"の話に入ろう。まず等差数列の1例を下に示すよ。

1，3，5，7，9，…

この数列を$\{a_n\}$とおくと，初項$a_1 = 1$，第2項$a_2 = 3$，第3項$a_3 = 5$，第4項$a_4 = 7$，第5項$a_5 = 9$，…ということになる。これは，数列の各項が順に，

8

2 ずつ大きくなっていくという規則性をもっていることが分かるね。これを，もう1度ていねいに書くと，

a_1，　a_2，　a_3，　a_4，　a_5，$\cdots$

1，　3，　5，　7，　9，$\cdots$　　となる。

+2　+2　+2　+2　← これが，この数列の規則性だ！

このように，初項から順に，次々と同じ値がたされることにより出来る

これは，⊖の値でもいい！

数列を "等差数列" という。そして，たされるこの値のことを "公差" と呼び，d で表す。ちなみに，上記の数列は公差 $d = 2$ の等差数列だったんだ。

一般に，等差数列 $\{a_n\}$ は，初項 a と公差 d の2つの値が与えられれば決まってしまうのは大丈夫だね。初項 a を初めに書いて，後は d ずつたしていった数を順に並べていけば，等差数列が出来上がるからだ。

それでは他にもいくつか，等差数列の例を並べておこう。

($ex1$)　5，8，11，14，17，$\cdots$　←　3ずつ順に，各項の値が大きくなる。
　　　　∴公差 $d = 3$

初項 b

この数列を $\{b_n\}$ とおくと，初項が 5 で，後は 3 ずつ，各項の値が大きくなっていくのが分かるね。よって，この数列 $\{b_n\}$ は，初項 $b = 5$ ($= b_1$)，公差 $d = 3$ の等差数列と言える。

($ex2$)　13，8，3，-2，-7，$\cdots$　←　5ずつ順に，各項の値が小さくなる。
　　　　∴公差 $d = -5$ だね。

初項 c

この数列を $\{c_n\}$ とおくと，初項が 13 で，後は 5 ずつ各項の値が小さくなっていっているのが分かるね。これは初項を基に，順に -5 の値をたして出来る数列と考えればいい。よって，この数列 $\{c_n\}$ は，

要するに "5を引いた" ってこと

初項 $c = 13$ ($= c_1$)，公差 $d = -5$ の等差数列と言える。大丈夫？

($ex3$) 次，初項 $x = 2$，公差 $d = 4$ の等差数列 $\{x_n\}$ を具体的に示せと言われても大丈夫だね。初項 $x_1 = x = 2$ に，順に公差 4 ずつたして出来る数列が $\{x_n\}$ のことだから，

x_1，　x_2，　x_3，　x_4，　x_5，$\cdots$

2，　6，　10，　14，　18，$\cdots$　　となるんだね。

● 等差数列の一般項を求めよう！

それでは，この等差数列をもっと深めてみようか。初項 a，公差 d の等差数列 $\{a_n\}$ が与えられたとき，具体的に a_1，a_2，a_3，a_4，… の値はどうなる？ …，そうだね。

$$a_1 = a, \ a_2 = \boxed{a_1} + d = a + d, \ a_3 = \boxed{a_2} + d = a + 2d, \ a_4 = \boxed{a_3} + d = a + 3d,$$

（a）　　　　　　　　（$a + d$）　　　　　　　（$a + 2d$）

$\boxed{a_1 \text{に} d \text{をたしたもの}}$　　$\boxed{a_2 \text{に} d \text{をたしたもの}}$　　$\boxed{a_3 \text{に} d \text{をたしたもの}}$

…，となるはずだ。これをもっとていねいに書くと，次のようになる。

$$a_1 = a + 0 \cdot d, \ a_2 = a + 1 \cdot d, \ a_3 = a + 2 \cdot d, \ a_4 = a + 3 \cdot d, \ \cdots$$

$\boxed{1 \text{つ小さい}}$　$\boxed{1 \text{つ小さい}}$　$\boxed{1 \text{つ小さい}}$　$\boxed{1 \text{つ小さい}}$

ここで，第 n 項 a_n $(n = 1, \ 2, \ 3, \ \cdots)$ のことを "一般項" と言うんだけれど，

> n に $1, 2, 3,$ …を代入することにより，a_1，a_2，a_3，…と，どんな項も表せるので "一般項" と呼ぶんだよ！

この一般項 a_n が，a と d を使って，どのように表せるか分かる？ …，そうだね。上の例から分かるように，a_n の n より 1 つ小さい $(n-1)$ を公差 d にかけて，これに初項 a をたしたものが，一般項 a_n になるはずだね。これを，次にまとめて示す。

■ 等差数列 $\{a_n\}$ の一般項

初項 a，公差 d の等差数列 $\{a_n\}$ の一般項は，
$a_n = a + (n-1)d$ $(n = 1, \ 2, \ 3, \ \cdots)$ である。

> $a_1 = a + 0 \cdot d$
> $a_2 = a + 1 \cdot d$
> $a_3 = a + 2 \cdot d$
> $a_4 = a + 3 \cdot d$ から，
> ……………………
> $a_n = a + (n-1) \cdot d$ となる！

ン？ 何で，一般項なんて求める必要があるのかって？

いい質問だ。例えば，初項 $a = 1$，公差 $d = 2$ の等差数列 $\{a_n\}$ は，具体的に，

　a_1，a_2，a_3，a_4，a_5，…

　1，3，5，7，9，… となるのは大丈夫だね。

ここで，a_7 はどうなる？って聞かれたら，みんな $a_6 = 11$，$a_7 = 13$ と続きを調べて，$a_7 = 13$ と答えるはずだ。じゃ，さらにボクが，第 500 項 a_{500} の値を尋ねたら，みんなどうする？ $a_8 = 15$，$a_9 = 17$，… と求めていったんじゃ，日が暮れてしまうだろう。この窮地を救ってくれるのが，一般項 $a_n = a + (n-1)d$ の公式なんだよ。この公式に，初項 $a = 1$，公差 $d = 2$ を代入すると，

$$a_n = \boxed{1} + (n-1) \cdot \boxed{2} = 1 + 2n - 2$$

$\therefore a_n = 2n - 1 \quad (n = 1, 2, 3, \cdots)$ が導ける。

後は第 7 項を知りたかったら $n = 7$ を，第 500 項を知りたかったら $n = 500$ を代入すればいいだけなんだよ。よって，

$n = 7$ のとき，$a_7 = 2 \times 7 - 1 = 13$

$n = 500$ のとき，$a_{500} = 2 \times 500 - 1 = 999$

と，一発で結果が出せるんだね。

> $n = 1$ のとき，$a_1 = 2 \times 1 - 1 = 1$
> $n = 2$ のとき，$a_2 = 2 \times 2 - 1 = 3$
> $n = 3$ のとき，$a_3 = 2 \times 3 - 1 = 5$
> ⋯⋯⋯⋯⋯⋯⋯⋯⋯⋯⋯⋯
> と，すべての自然数 n に対して，a_n の値が分かるんだね。

どう？ これで一般項 $a_n = a + (n-1)d$ の公式の威力が分かっただろう？

それでは，この一般項の公式も含めて，等差数列のちょっと骨のある問題を解いてみることにしようか？ さらに理解が深まるはずだ！

練習問題 1 　等差数列の一般項 　CHECK 1　CHECK 2　CHECK 3

第 7 項が 2，第 15 項が 4 である等差数列 $\{a_n\}$ がある。この初項 a と公差 d を求め，第 999 項 a_{999} の値を求めよ。

初項 a，公差 d の等差数列の一般項は，$a_n = a + (n-1)d$ だから，まず $a_7 = 2$ と $a_{15} = 4$ から，a と d の値を求めて，一般項 a_n を n の式で表し，さらにその n に 999 を代入して，a_{999} を求めればいいんだね。頑張れ!!

初項 a，公差 d の等差数列 $\{a_n\}$ の一般項 a_n は公式より，

$a_n = a + (n-1)d$ だね。ここで，$a_7 = 2$，$a_{15} = 4$ より

$a_7 = \boxed{a + 6d = 2} \quad \cdots\cdots① \leftarrow \boxed{a_7 = a + (7-1)d}$

$a_{15} = \boxed{a + 14d = 4} \quad \cdots\cdots② \leftarrow \boxed{a_{15} = a + (15-1)d}$

①，②は未知数 a と d の 2 元連立 1 次方程式だ！

②−①より，$a - a + 14d - 6d = 4 - 2$

$(14 - 6)d = 2 \qquad 8d = 2 \qquad \therefore d = \dfrac{2}{8} = \dfrac{1}{4} \quad \cdots\cdots③$

③を①に代入して，

$a + 6 \times \dfrac{1}{4} = 2 \qquad \therefore a = 2 - \dfrac{3}{2} = \dfrac{4 - 3}{2} = \dfrac{1}{2} \quad \cdots\cdots④$

以上より，等差数列 $\{a_n\}$ の初項は，$a = \dfrac{1}{2}$，公差は，$d = \dfrac{1}{4}$ となる。

この③，④を一般項の公式 $a_n = \boxed{a}^{\frac{1}{2}} + (n-1)\boxed{d}^{\frac{1}{4}}$ に代入して，

$$a_n = \frac{1}{2} + (n-1)\frac{1}{4} = \frac{1}{2} + \frac{1}{4}n - \frac{1}{4} = \frac{1}{4}n + \frac{1}{4}$$

よって，第 999 項 a_{999} は，この式の n に 999 を代入すればいいので，

$$a_{999} = \frac{1}{4} \cdot 999 + \frac{1}{4} = \frac{999+1}{4} = \frac{1000}{4} = 250 \quad \text{となって，答えだね！}$$

● 等差数列の和は，(初項 ＋ 末項)×(項数)÷2 だ！

それでは，"**数列の和**"についても解説しよう。一般に，初項 a_1 から第 n 項 a_n までの和を S_n（$n = 1, 2, 3, \cdots$）で表す。つまり，

$S_n = a_1 + a_2 + \cdots + a_n$ なんだ。

そして，数列 $\{a_n\}$ が等差数列ならば，この数列の和 S_n も簡単な公式で求めることができる。これについては，次の等差数列 $\{a_n\}$ の例で説明しよう。

$a_1,\ a_2,\ a_3,\ a_4,\ a_5,\ \cdots$ ← 初項 $a = 1$，公差 $d = 2$ の等差数列 $\{a_n\}$ の例で説明する。

$1,\ 3,\ 5,\ 7,\ 9,\ \cdots$

ここで，この初項 a_1 から第 5 項 a_5 までの和 S_5 を求めてみよう。すると，

$$S_5 = 1 + 3 + 5 + 7 + 9 \ \cdots\cdots \text{⑦} \quad \text{となる。} \leftarrow \boxed{S_5 = a_1 + a_2 + \cdots + a_5 \text{のこと}}$$

これは，ちょっと頑張れば暗算でも $S_5 = 25$ となるのは分かると思う。でも，ここでは等差数列の和の公式を求めたいので，これは横に置いといて，話を続けるよ。ここで，⑦の右辺のたす順番をまったく逆にしたものを ④ とおいて，⑦と④を並べて書くと，次のようになるね。

$$\begin{cases} S_5 = 1 + 3 + 5 + 7 + 9 \ \cdots\cdots \text{⑦} \quad \leftarrow \boxed{S_5 = a_1 + a_2 + a_3 + a_4 + a_5} \\ S_5 = 9 + 7 + 5 + 3 + 1 \ \cdots\cdots \text{④} \quad \leftarrow \boxed{S_5 = a_5 + a_4 + a_3 + a_2 + a_1} \end{cases}$$

この⑦と④を辺々たし合わせてみてごらん。すると，

$$\underset{\boxed{S_5+S_5}}{2S_5} = \underset{\boxed{a_1+a_5}}{(1+9)} + \underset{\boxed{a_2+a_4}}{(3+7)} + \underset{\boxed{a_3+a_3}}{(5+5)} + \underset{\boxed{a_4+a_2}}{(7+3)} + \underset{\boxed{a_5+a_1}}{(9+1)} \ \cdots\cdots \text{⑦ となる。}$$

⑦の右辺の 5 つの ( ) 内の和はすべて同じ 10 になってるのが分かるね。だから，これら 5 つの ( ) の和は，同じ $(a_1 + a_5)$ の 5 項の和と考えてもいいだろう。

よって，$2S_5 = 5 \times \underbrace{(1+9)}_{a_1 + a_5}$　　$\therefore S_5 = \dfrac{5 \times (1+9)}{2} = \dfrac{5 \times 10}{2} = 25$ と，さっ

きの暗算の結果と同じものが導けた！　これをもう 1 度まとめておくと，

$S_5 = \underbrace{\overset{\boxed{初項}}{(a_1)} + a_2 + a_3 + a_4 + \overset{\boxed{末項}}{(a_5)}}_{\boxed{5 項の和}}$ は，初項 a_1 と **末項** a_5，それに項数の **5** が分

$\boxed{\text{1 番最後の項だから "末項" と呼ぶ。}}$

かれば，

$S_5 = \dfrac{\overset{\boxed{項数}}{(5)} \times (\overset{\boxed{初項}}{(a_1)} + \overset{\boxed{末項}}{(a_5)})}{2} = \dfrac{5 \times (1+9)}{2} = 25$ と計算できるということなんだね。

この考え方は，一般の等差数列 $\{a_n\}$ の初項から第 n 項までの数列の和 S_n

についても，同様に適用できる。つまり，

$S_n = \underbrace{\overset{\boxed{初項}}{(a_1)} + a_2 + a_3 + \cdots + \overset{\boxed{末項}}{(a_n)}}_{\boxed{n 項の和}} = \dfrac{\overset{\boxed{項数}}{(n)}(\overset{\boxed{初項}}{(a_1)} + \overset{\boxed{末項}}{(a_n)})}{2}$

と計算できる。だから，等差数列の和については，「初項＋末項，かける

項数，割る **2**」と呪文 (?) のように唱えながら覚えていけばいいんだよ。

ここで，この等差数列 $\{a_n\}$ の初項を a，公差を d とおくと，末項の a_n

は一般項の公式から，$a_n = a + (n-1)d$ と表せる。これを上の公式に代入

すると，もう 1 つの等差数列の和の公式が次のように導ける。

$S_n = \dfrac{n(\overset{\boxed{a}}{(a_1)} + \overset{\boxed{a+(n-1)d}}{(a_n)})}{2} = \dfrac{n\{2a + (n-1)d\}}{2}$

それでは，等差数列の和 S_n の公式を下にまとめておこう。

等差数列の和の公式

初項 a，公差 d の等差数列 $\{a_n\}$ の初項から第 n 項までの和 S_n は，

$S_n = \dfrac{n(a_1 + a_n)}{2} = \dfrac{n\{2a + (n-1)d\}}{2}$　$(n = 1, 2, 3, \cdots)$ となる。

$\boxed{\text{これは，「（初項＋末項）×（項数）÷2」と覚えよう！}}$

13

それでは，例題と練習問題で，S_n を具体的に求めてみよう。

(a) 初項 $a = 1$，公差 $d = 2$ の等差数列 $\{a_n\}$ の初めの n 項の和 S_n を求めてみよう。

初項 $a = 1$，公差 $d = 2$ の等差数列 $\{a_n\}$ の初めの n 項の和 S_n も，a と d の値が分かっているので，公式通り計算できて，

$$S_n = a_1 + a_2 + a_3 + \cdots + a_n$$

$$= \frac{n\{2\underset{①}{(a)} + (n-1)\underset{②}{(d)}\}}{2} = \frac{n\{2 + (n-1)\cdot 2\}}{2} = \frac{n \times 2n}{2} = n^2$$

$\therefore S_n = n^2$ $(n = 1, 2, 3, \cdots)$ と計算できる。

$a_1,\ a_2,\ a_3,\ a_4,\ a_5,\ \cdots$　より，たとえば，$S_n = n^2$ の n に 3 や 5 を代入すると，
$1,\ 3,\ 5,\ 7,\ 9,\ \cdots$
$n = 3$ のとき，$S_3 = 3^2 = 9$ ← これは，$S_3 = 1 + 3 + 5 = 9$ と一致する！
$n = 5$ のとき，$S_5 = 5^2 = 25$ ← これは，$S_5 = 1 + 3 + 5 + 7 + 9 = 25$ と一致する！
と計算できる。また，
$n = 100$ のとき，$S_{100} = a_1 + a_2 + \cdots + a_{100}$ も，$S_{100} = 100^2 = 10000$ と，スグ求められる。

それでは，さらに次の問題を解いてごらん。

練習問題 2　　等差数列の和　　CHECK *1*　　CHECK *2*　　CHECK *3*

第 **11** 項が **24**，第 **40** 項が **82** の等差数列 $\{b_n\}$ がある。

(1) 初めの n 項の和 S_n $(n = 1, 2, 3, \cdots)$ を求めよ。

(2) b_{11} から b_{40} までの和 T を求めよ。

等差数列 $\{b_n\}$ の初項を b，公差を d とおき，$b_{11} = 24$，$b_{40} = 82$ から b と d を求めて，(1) の初めの n 項の和 S_n を求めればいい。(2) は初項が b_{11}，末項が b_{40} となるので，後は項数を正確に求められればいいんだね。

(1) 等差数列 $\{b_n\}$ の初項を b，公差を d とおくと，

一般項 $b_n = b + (n-1)d$ だね。ここで，$b_{11} = 24$，$b_{40} = 82$ より

$$b_{11} = \boxed{b + 10d = 24} \quad \cdots\cdots① \quad \leftarrow \boxed{b_{11} = b + (11-1)d}$$

$$b_{40} = \boxed{b + 39d = 82} \quad \cdots\cdots② \quad \leftarrow \boxed{b_{40} = b + (40-1)d}$$

b と d の連立 1 次方程式

②－①より，　$29d = 58$　$\therefore d = \dfrac{58}{29} = 2$ ……③

③を①に代入して，

$b + 10 \times 2 = 24$　$\therefore b = 24 - 20 = 4$ ……④

よって，数列 $\{b_n\}$ の初めの n 項の和 $S_n = b_1 + b_2 + \cdots + b_n$ は，公式より

$$S_n = \frac{n\{2\overset{④}{\boxed{b}} + (n-1)\overset{②}{\boxed{d}}\}}{2}$$

これに $b = 4$ …④，$d = 2$ …③
を代入して

$$= \frac{n\{\overset{4}{8} + \overset{1}{\cancel{2}}(n-1)\}}{\cancel{2}}$$

$$= n(n+3) \quad \text{となる！}$$

$(n = 1, 2, 3, \cdots)$

$b_1 = 4$，$b_2 = 6$，$b_3 = 8$ より，たとえば
$S_3 = b_1 + b_2 + b_3 = 4 + 6 + 8 = 18$ だけど，
これは $S_n = n(n+3)$ の n に 3 を代入して
$S_3 = 3(3+3) = 18$ として求められる！

(2) T は，b_{11} から b_{40} までの等差数列の和なので，

$$T = \underbrace{\overset{24}{\boxed{b_{11}}} + b_{12} + b_{13} + \cdots + \overset{82}{\boxed{b_{40}}}}_{\text{項数？}} = \frac{(項数) \times (\overset{初項}{\boxed{b_{11}}} + \overset{末項}{\boxed{b_{40}}})}{2}$$

(初項＋末項)×(項数)÷2 だ！

となって，項数さえ分かれば，オシマイだね。

ここで，b_{11} から b_{40} までだから，項数は $40 - 11 = 29$ とやっちゃった

人いる？　ン～，結構いるね。これについては詳しく話そう。

たとえば，3 から 8 までの自然数の項数はいくつか分かるね。これは，

指折り数えて，3，4，5，6，7，8 だから 6 項だ。でも，これを (最後の数)

最初の数　　　　　最後の数

－(最初の数) ＝ $8 - 3$ と計算しても 5 にしかならないね。だから，項

数を求めたかったら，これに必ず 1 をたさなければならない。つま

り，1 刻みに増えていく自然数に対して，その項数を求めたかったら

(最後の数)－(最初の数)＋1 として，求めるんだよ。だから，3 から

8 までの自然数の項数は $8 - 3 + 1 = 6$ として無事に求まる。

最後の数　最初の数

同様に，数列の中には必ず 1 刻みで増えていく整数が隠されている

ので，(最後の数)－(最初の数)＋1 で，数列の項数も分かるんだ。

今回の

$$T = b_{11} + b_{12} + b_{13} + b_{14} + \cdots + b_{40}$$

← b の添字が，1 刻みで増える整数

（最初の数）（最後の数）

の右辺の数列の項数も，$\underset{\text{最初の数}}{40} - \underset{\text{最後の数}}{11} + 1 = 30$ 項と出てくるんだね。

納得いった？

> ちなみに $S_n = a_1 + a_2 + a_3 + \cdots + a_n$ についても，ていねいに書くと，
> （最初の数）（最後の数）
> $\underset{\text{最後の数}}{n} - \underset{\text{最初の数}}{1} + 1 = n$ から，n 項の和だと分かるんだよ。これも大丈夫？

以上より，b_{11} から b_{40} までの和 T は，

$$T = \frac{\overset{\text{項数}}{30} \cdot (\overset{\text{初項}}{b_{11}} + \overset{\text{末項}}{b_{40}})}{2} = \frac{\overset{15}{30} \times (24 + 82)}{\cancel{2}} = 15 \times 106 = 1590 \text{ と求められる！}$$

● 等比数列では，初項と公比を押さえよう！

では次，"等比数列（とうひすうれつ）"の解説に入ろう。まず，等比数列の 1 例を示すよ。

$$1, \quad 2, \quad 4, \quad 8, \quad 16, \quad \cdots$$
（×2）（×2）（×2）（×2）

これも，$a_1, a_2, a_3, a_4, a_5, \cdots$ とおくと，初項 $a_1 = a = 1$ で，これに同じ一定の値の 2 が次々とかけられることによって，$a_2, a_3, a_4, \cdots$ の数列が作られていっている。このような数列を"等比数列（とうひすうれつ）"という。そして，次々にかけられていく一定の値のことを"公比（こうひ）"と呼び，r で表すんだよ。等比数列の例をいくつか下に示そう。

$(ex1)$ $1, \quad 3, \quad 9, \quad 27, \quad 81, \quad \cdots$ ← 初項 $a = 1$，公比 $r = 3$ の等比数列だね。
（×3）（×3）（×3）（×3）

$(ex2)$ $4, \quad -8, \quad 16, \quad -32, \quad 64, \quad \cdots$ ← 初項 $a = 4$，公比 $r = -2$ の等比数列だね。
（×(−2)）（×(−2)）（×(−2)）（×(−2)）

$(ex3)$ $6, \quad 3, \quad \dfrac{3}{2}, \quad \dfrac{3}{4}, \quad \dfrac{3}{8}, \quad \cdots$ ← 初項 $a = 6$，公比 $r = \dfrac{1}{2}$ の等比数列だね。
（×$\frac{1}{2}$）（×$\frac{1}{2}$）（×$\frac{1}{2}$）（×$\frac{1}{2}$）

一般に初項 a, 公比 r の等比数列 $\{a_n\}$ の場合,

$a_1 = a$, $a_2 = a \cdot r$, $a_3 = a \cdot r^2$, $a_4 = a \cdot r^3$, ……となる。これをていねいに書くと, $a_1 = a \cdot r^0$, $a_2 = a \cdot r^1$, $a_3 = a \cdot r^2$, $a_4 = a \cdot r^3$, ……より, この第 n 項, すなわち一般項は $a_n = a \cdot r^{n-1}$ $(n = 1, 2, 3, \cdots)$ となることが分かると思う。

さらに, 等比数列 $\{a_n\}$ の初めの n 項の和 S_n についても考えてみよう。

$\qquad S_n = a_1 + a_2 + a_3 + \cdots\cdots + a_n$ より,

$\qquad S_n = a + ar + ar^2 + \cdots\cdots + ar^{n-1}$ ……⑦ のことだね。

⑦の両辺に, 公比 r をかけると,

$\qquad r \cdot S_n = r \cdot (a + ar + ar^2 + \cdots\cdots + ar^{n-1})$

$\qquad r \cdot S_n = \quad ar + ar^2 + ar^3 + \cdots\cdots + ar^{n-1} + ar^n$ ……① となるね。

この⑦と①を並べて書くと,

$\begin{cases} S_n = a + ar + ar^2 + \cdots\cdots + ar^{n-1} & \cdots\cdots\cdots⑦ \\ rS_n = \quad ar + ar^2 + \cdots\cdots + ar^{n-1} + ar^n & \cdots\cdots① \end{cases}$ となる。

> 1項ずつずらして書くのがコツだ！

ここで, ⑦－①を実行すると, $ar + ar^2 + \cdots\cdots + ar^{n-1}$ の部分はこの引き算により, 打ち消し合ってなくなるので,

$\qquad S_n - rS_n = a - ar^n$ となり, さらに,

> 右辺で残るのはこれだけ！ スッキリした！

$\qquad (1 - r)S_n = a(1 - r^n)$ となる。

ここで, $r \neq 1$ のとき, $1 - r \neq 0$ より, 両辺を $1 - r$ で割って, 等比数列の和の公式： $S_n = \dfrac{a(1 - r^n)}{1 - r}$ $(n = 1, 2, 3, \cdots)$ $(r \neq 1)$ が導ける。

エッ, $r = 1$ のときはどうなるのかって？ $r = 1$ の特殊な場合は, ⑦より,

$\qquad S_n = a + a \cdot 1 + a \cdot 1^2 + \cdots\cdots + a \cdot 1^{n-1}$

$\qquad\quad = \underbrace{a + a + a + \cdots\cdots + a}_{n \text{項の} a \text{の和}} = n \cdot a$ となるんだね。

等比数列について，以上のことをまとめておこう。

等比数列の一般項と数列の和

初項 a，公比 r の等比数列について，

(i) 一般項は，$a_n = a \cdot r^{n-1}$ $(n = 1, 2, 3, \cdots)$ となる。

(ii) 初項から第 n 項までの数列の和 S_n は，

$$S_n = \begin{cases} \dfrac{a(1-r^n)}{1-r} & (r \neq 1 \text{ のとき}) \\ na & (r = 1 \text{ のとき}) \end{cases} \quad (n = 1, 2, 3, \cdots) \text{ となる。}$$

それじゃ，等比数列についても具体的に練習しておこう。

(a) 等比数列 1，2，4，8，$\cdots$ の一般項と，初めの n 項の和を求めよう。

この数列を $\{a_n\}$ とおくと，これは初項 $a = 1$，公比 $r = 2$ の等比数列だ

ね。よって，一般項 $a_n = \overset{1}{\boxed{a}} \cdot \overset{2}{\boxed{r}}^{n-1} = 1 \cdot 2^{n-1} = 2^{n-1}$ $(n = 1,\ 2,\ \cdots)$ と

なり，初めの n 項の和 $S_n = \dfrac{\overset{1}{\boxed{a}}(1 - \overset{2}{\boxed{r}}^n)}{1 - \underset{2}{\boxed{r}}} = \dfrac{1 \cdot (1 - 2^n)}{1 - 2} = \dfrac{1 - 2^n}{-1} = 2^n - 1$

$(n = 1,\ 2,\ \cdots)$ となる。公式通りに計算したんだよ。

(b) 等比数列 6，3，$\dfrac{3}{2}$，$\dfrac{3}{4}$，$\cdots$ の一般項と，初めの n 項の和を求めよう。

この数列を $\{b_n\}$ とおくと，これは初項 $b = 6$，公比 $r = \dfrac{1}{2}$ の等比数列だ。

よって，一般項 $b_n = \overset{6}{\boxed{b}} \cdot \overset{\frac{1}{2}}{\boxed{r}}^{n-1} = 6 \cdot \left(\dfrac{1}{2}\right)^{n-1}$ $(n = 1,\ 2,\ \cdots)$ となり，

初めの n 項の和 $S_n = \dfrac{\overset{6}{\boxed{b}}(1 - \overset{\frac{1}{2}}{\boxed{r}}^n)}{1 - \underset{\frac{1}{2}}{\boxed{r}}} = \dfrac{6\left\{1 - \left(\dfrac{1}{2}\right)^n\right\}}{1 - \dfrac{1}{2}} = \dfrac{6\left\{1 - \left(\dfrac{1}{2}\right)^n\right\}}{\dfrac{1}{2}}$ ← 分母の分母は上へ！

$$= 12\left\{1 - \left(\dfrac{1}{2}\right)^n\right\} \quad (n = 1,\ 2,\ \cdots) \text{ となる。}$$

18

練習問題 3　　等比数列の和　　CHECK 1　　CHECK 2　　CHECK 3

等比数列の和 $\dfrac{1}{3} + 1 + 3 + 3^2 + \cdots\cdots + 3^n$ を求めよ。

初項 $a = \dfrac{1}{3}$, 公比 $r = 3$ の等比数列の和だから, 公式 $\dfrac{a(1-r^n)}{1-r}$ に代入すればいいだけだって? ちょっと待ってくれ! 一般に等比数列の和の公式は $\dfrac{a\{1-r^{(項数)}\}}{1-r}$ と覚えておいてくれ。だから, 分子の r の指数部は n とは限らず, $n-1$ や $n-2$ などに変化し得る。この項数は, 数列の中に 1 刻みで増えていく整数を見つけ, (最後の数)−(最初の数)＋1 で求めるんだったね。

この和を U とおくと,

$U = \dfrac{1}{3} + 1 + 3 + 3^2 + \cdots\cdots + 3^n$

> 初項 $a = \dfrac{1}{3}$, 公比 $r = 3$ の等比数列の和であることは間違いない!

$= 3^{\boxed{-1}} + 3^0 + 3^1 + 3^2 + \cdots\cdots + 3^{\boxed{n}}$

最初の数　　　　　　最後の数

> これから, 項数は
> (最後の数)−(最初の数)＋1
> $= n - (-1) + 1 = n + 2$ だね。

よって, U は初項 $a = \dfrac{1}{3}$, 公比 $r = 3$, 項数 $n + 2$ の等比数列の和より,

$U = \dfrac{a(1 - r^{\overset{項数}{(n+2)}})}{1 - r} = \dfrac{\dfrac{1}{3}(1 - 3^{n+2})}{1 - 3} = -\dfrac{1}{6}(1 - 3^{n+2})$

$\therefore U = \dfrac{1}{6}(3^{n+2} - 1)$　となって答えだ。納得いった?

　さァ, これで, 等差数列と等比数列の解説もすべて終了です。後はよ〜く復習しておくんだよ。それでは, 次回また会おう! バイバイ!

2nd day　∑計算，　S_nとa_nの関係

　おはよう！　みんな，元気そうだね。サァ，これから数列の第2回目の講義に入ろう。今日のメインテーマは，"∑計算"だ。これに慣れると，さまざまな数列の和の計算が自由自在にできるようになるんだよ。さらに，数列の和S_nが(nの式)で与えられているとき，それを基に，一般項a_nを求める手法についても解説するつもりだ。

　今回も，盛り沢山の内容になるけれど，これをマスターすることにより，数列の面白さや楽しさが分かってくると思うよ。今日も頑張ろうな！

● まず，∑計算の記号の意味を押さえよう！

　前回，数列$\{a_n\}$の初項a_1から第n項までの数列の和をS_nとおいて，

$$S_n = a_1 + a_2 + a_3 + \cdots + a_n \cdots ①　(n = 1, 2, 3, \cdots)$$

とおいた。でも，数学的に見て，この"…"の部分が何ともカッコ悪いんだね。これを解決する方法として，次のような"∑計算"がある。①式も，この∑を使うと，

$$S_n = \sum_{k=1}^{n} a_k \cdots\cdots ①'$$

とすっきり表せる。①と①'は同じ式なんだ。①'の右辺$\displaystyle\sum_{k=1}^{n} a_k$の意味を言っておこう。∑の下の$k = \underline{1}$と上の$\underline{n}$から，"$a_k$

> $k = n$まで動かせ！

> $k = 1$から！

のkを$\underline{1}$から$\underline{n}$まで，$\underline{1}, 2, 3, \cdots, \underline{n}$と動かして，その和をとれ！"と言ってるんだ。つまり，a_kの添字のkを$1, 2, 3, \cdots, n$と動かすと，$a_1, a_2,$ $a_3, \cdots, a_n$のことで，その和をとれと言ってるので，結局$\displaystyle\sum_{k=1}^{n} a_k = a_1 + a_2 + a_3 + \cdots + a_n$となって，①の右辺と一致するんだ。ン？　まだピンとこないって？　当然だね。いくつか例を出すので，これで，∑計算の表す意味をマスターしてくれたらいいんだよ。

$$(ex1) \sum_{k=1}^{5} b_k = b_1 + b_2 + b_3 + b_4 + b_5$$

> b_kのkを1から5まで動かして，その和をとる！

$$(ex2) \sum_{k=1}^{n} k^4 = 1^4 + 2^4 + 3^4 + \cdots + n^4$$

> k^4のkを1からnまで動かして，その和をとる！

$$(ex3) \sum_{k=0}^{n-1} 2^k = 2^0 + 2^1 + 2^2 + \cdots + 2^{n-1}$$

> 2^kのkを0から$n-1$まで動かして，その和をとる！

20

$$(ex4) \ \sum_{j=1}^{n} 2j = 2 \cdot 1 + 2 \cdot 2 + 2 \cdot 3 + \cdots + 2 \cdot n$$

> $2 \cdot j$ の j を 1 から n まで動かしてその和をとる！

> 動かす文字は，k でなくても，j でも i でもなんでもいい！

大丈夫？ ではまず，Σ 計算の **3** つの重要公式を覚えることにしよう。

(1) $\sum\limits_{k=1}^{n} k$，　**(2)** $\sum\limits_{k=1}^{n} k^2$，　**(3)** $\sum\limits_{k=1}^{n} k^3$　については，次の公式があるんだよ。

Σ 計算の公式（Ⅰ）

$(1) \displaystyle\sum_{k=1}^{n} k = 1 + 2 + 3 + \cdots + n = \frac{1}{2}n(n+1)$

$(2) \displaystyle\sum_{k=1}^{n} k^2 = 1^2 + 2^2 + 3^2 + \cdots + n^2 = \frac{1}{6}n(n+1)(2n+1)$

$(3) \displaystyle\sum_{k=1}^{n} k^3 = 1^3 + 2^3 + 3^3 + \cdots + n^3 = \frac{1}{4}n^2(n+1)^2$ 　（n：自然数）

(1) $\displaystyle\sum_{k=1}^{n} k = \underbrace{\underset{\text{初項}}{\boxed{1}} + 2 + 3 + \cdots + \underset{\text{末項}}{\boxed{n}}}_{\text{n 項の和}}$ 　は，初項 1，公差 1 の n 項の等差数列の和

なので，公式から当然 $\dfrac{\overset{\text{項数}}{n} \cdot (\underset{\text{初項}}{\boxed{1}} + \underset{\text{末項}}{\boxed{n}})}{2}$ となるんだけど，これは Σ 計算の

公式として，$\displaystyle\sum_{k=1}^{n} k = \dfrac{1}{2}n(n+1)$ と覚えておくんだよ。

証明は後でするけれど，**(2)(3)** についても，公式として覚えておこう。

それじゃ，Σ 計算も例題で練習しておこう。

(a) $1^2 + 2^2 + 3^2 + \cdots + 10^2$ **を求めてみよう。**

これは，$\displaystyle\sum_{k=1}^{10} k^2$ のことだから，公式 **(2)** $\displaystyle\sum_{k=1}^{n} k^2 = \dfrac{1}{6}n(n+1)(2n+1)$ の n

に **10** を代入すれば，求まるね。よって，

$\displaystyle\sum_{k=1}^{10} k^2 = \dfrac{1}{6} \cdot 10 \cdot (10+1) \cdot (2 \times 10 + 1) = \dfrac{\overset{5}{\cancel{10}} \times 11 \times \overset{7}{\cancel{21}}}{\cancel{6}} = 385$ となる。

(b) $1^3 + 2^3 + 3^3 + \cdots + (n-1)^3$ を求めてみよう。

これは，$\displaystyle\sum_{k=1}^{n-1} k^3$ のことだから，公式 (3) $\displaystyle\sum_{k=1}^{n} k^3 = \frac{1}{4} n^2(n+1)^2$ の n に $n-1$ を代入したものだ。よって，

$$\sum_{k=1}^{n-1} k^3 = \frac{1}{4}(n-1)^2(n-\cancel{1}+\cancel{1})^2 = \frac{1}{4} n^2(n-1)^2 \text{ となる。大丈夫 ?}$$

さらに Σ 計算の公式として，次の 2 つも覚えよう！

■ Σ 計算の公式 (Ⅱ)

(4) $\displaystyle\sum_{k=1}^{n} c = c + c + c + \cdots + c = nc$ （c：定数）

(5) $\displaystyle\sum_{k=1}^{n} ar^{k-1} = a + ar + ar^2 + \cdots + ar^{n-1} = \frac{a(1-r^n)}{1-r}$ （$r \neq 1$ のとき）

(4) の $\displaystyle\sum_{k=1}^{n} c$ は Σ 計算の定義から言うと，困った形をしているんだね。k を 1，2，3，$\cdots$，n と動かして，たせと言っているのに，c は定数なので，動かすべき k がないんだね。この場合，c は k とは無関係な定数だから，結局 c を，$k=1$，2，$\cdots$，n の n 回分たしてしまえばいいんだ。よって，

$$\sum_{k=1}^{n} c = \underbrace{c + c + c + \cdots + c}_{n \text{ 項の和}} = n \cdot c \quad （c：定数） \text{ の公式になるんだね。}$$

次，(5) については

$$\sum_{k=1}^{n} ar^{k-1} = a \cdot \underset{\underset{r^0=1}{|}}{r^{1-1}} + a \cdot \underset{\underset{r}{|}}{r^{2-1}} + a \cdot \underset{\underset{r^2}{|}}{r^{3-1}} + \cdots + a \cdot r^{n-1}$$

（$k=1$　$k=2$　$k=3$　$k=n$）

$= a + ar + ar^2 + \cdots + ar^{n-1}$ （$r \neq 1$）となるので，これは初項 a，公比 r（$\neq 1$），項数 n の等比数列の和で，$r \neq 1$ の条件より，前回勉強した公式通り，$\displaystyle\sum_{k=1}^{n} ar^{k-1} = \frac{a(1-r^n)}{1-r}$　が導けるんだね。

エッ，$r=1$ のときはどうなるかって？　$r=1$ のときは，

$$\sum_{k=1}^{n} a \cdot \underset{1}{\underset{\|}{1^{k-1}}} = \sum_{k=1}^{n} \overset{\text{定数}}{a} = \overset{n \text{ 項の和}}{\overbrace{a + a + \cdots + a}} = n \cdot a \quad \text{となって，公式 (4) の形だね。}$$

最後にもう 1 つ，重要な Σ 計算の公式がある。

22

∑計算の公式(Ⅲ)

$$(6) \sum_{k=1}^{n} (I_k - I_{k+1}) = (I_1 - I_2) + (I_2 - I_3) + \cdots + (I_n - I_{n+1})$$
$$= I_1 - I_{n+1} \quad (n:自然数)$$

これは，$I_k - I_{k+1}$ の形の ∑ 計算では途中の項がすべて打ち消し合って なくなり，最終的には，$I_1 - I_{n+1}$ のみが残る面白い結果になるんだよ。

$k=1$のとき $k=2$のとき $k=3$のとき $k=n$のとき

$$\sum_{k=1}^{n} (I_k - I_{k+1}) = (I_1 - I_2) + (I_2 - I_3) + (I_3 - I_4) + \cdots + (I_n - I_{n+1})$$

初めの1項が残る。 途中は，バサバサバサ…とすべて 打ち消し合ってなくなる！ 最後の1項が残る。

$$= I_1 - I_{n+1} \quad となるんだね。$$

この最も典型的な例が $\sum_{k=1}^{n} \dfrac{1}{k(k+1)}$ の計算なんだよ。ここで，$\dfrac{1}{k(k+1)}$ は，

$$\dfrac{1}{k(k+1)} = \dfrac{1}{k} - \dfrac{1}{k+1} \quad と，\textbf{部分分数}に分解することができる。$$

$\dfrac{1}{k} - \dfrac{1}{k+1} = \dfrac{k+1-k}{k(k+1)} = \dfrac{1}{k(k+1)}$ となるからだ。

ここで，$I_k = \dfrac{1}{k}$ とおくと，この k の代わりに $k+1$ を代入したものが I_{k+1}

より，$I_{k+1} = \dfrac{1}{k+1}$ となるね。よって，$\dfrac{1}{k(k+1)} = \dfrac{1}{k} - \dfrac{1}{k+1} = I_k - I_{k+1}$ の

形が出来上がってるんだね。サァ，実際に計算してみよう。

$$\sum_{k=1}^{n} \dfrac{1}{k(k+1)} = \sum_{k=1}^{n} \left(\underbrace{\dfrac{1}{k}}_{I_k} - \underbrace{\dfrac{1}{k+1}}_{I_{k+1}} \right)$$

この変形を "部分分数に分解する" と言うんだよ。

$k=1$のとき $k=2$のとき $k=3$のとき $k=n$のとき

$$= \left(\dfrac{1}{1} - \dfrac{1}{2} \right) + \left(\dfrac{1}{2} - \dfrac{1}{3} \right) + \left(\dfrac{1}{3} - \dfrac{1}{4} \right) + \cdots + \left(\dfrac{1}{n} - \dfrac{1}{n+1} \right)$$

途中の項は打ち消し合ってすべてなくなる。

$I_1 - I_{n+1}$ のみ残る。

$$= 1 - \dfrac{1}{n+1} = \dfrac{n+1-1}{n+1} = \dfrac{n}{n+1} \quad が答えになるんだね。$$

これまで教えた，"6つのΣ計算の公式"と，次の"2つのΣ計算の性質"を使いこなすことにより，Σ計算が自由に行えるようになるんだよ。

$$(1)\sum_{k=1}^{n}(a_k+b_k)=\sum_{k=1}^{n}a_k+\sum_{k=1}^{n}b_k$$

これは引き算でも同様に成り立つ。
$$\sum_{k=1}^{n}(a_k-b_k)=\sum_{k=1}^{n}a_k-\sum_{k=1}^{n}b_k$$

$$(2)\sum_{k=1}^{n}c\cdot a_k=c\sum_{k=1}^{n}a_k \quad (c:定数)$$

以上の性質は，Σ計算の意味から考えれば，当然成り立つね。まず，

$k=1$ のとき　　$k=2$ のとき　　$k=3$ のとき　　$k=n$ のとき

$$(1)\sum_{k=1}^{n}(a_k+b_k)=(a_1+b_1)+(a_2+b_2)+(a_3+b_3)+\cdots+(a_n+b_n)$$

$$=(a_1+a_2+a_3+\cdots+a_n)+(b_1+b_2+b_3+\cdots+b_n)$$

$$=\sum_{k=1}^{n}a_k+\sum_{k=1}^{n}b_k$$ 引き算のときも同様だね。

このように，Σ計算の中身が，複数の数列の"たし算"や"引き算"になっているとき，項別にΣ計算することができるんだ。例を示すよ。

$$(ex1)\sum_{k=1}^{n}(k^3+k^2-k)=\sum_{k=1}^{n}k^3+\sum_{k=1}^{n}k^2-\sum_{k=1}^{n}k$$ 項別にΣ計算できる！

(2) の性質も，次に示すように，明らかに成り立つ。

$$\sum_{k=1}^{n}c\cdot a_k=c\cdot a_1+c\cdot a_2+c\cdot a_3+\cdots+c\cdot a_n$$

$$=c(a_1+a_2+a_3+\cdots+a_n)$$ c をくくり出した！

$$=c\sum_{k=1}^{n}a_k \quad となって，$$

定数係数 c は $\overset{\bullet}{\Sigma}$ の外に出せるんだね。これも例を示そう。

$$(ex2)\sum_{k=1}^{n}3k^2=3\sum_{k=1}^{n}k^2$$ 定数係数の3はΣの表に出せる！

サァ，これで準備が整ったので，本格的なΣ計算の練習に入ろう。

● **Σ計算の練習をしよう！**

それでは，次の練習問題を解いてみよう。

練習問題 4   Σ計算（Ⅰ）   CHECK *1* CHECK *2* CHECK *3*

次の和を求めよ。

(1) $\displaystyle\sum_{k=1}^{n}(2k+1)$ 　　(2) $\displaystyle\sum_{k=1}^{n}2k^2(2k-3)$ 　　(3) $\displaystyle\sum_{k=1}^{n}(-2)^{k+1}$

Σ計算の公式と性質をフルに駆使して解いていくんだね。

(1) $\displaystyle\sum_{k=1}^{n}(2k+1)=\sum_{k=1}^{n}2k+\sum_{k=1}^{n}1$ ← たし算は，項別にΣ計算できる！

$=2\displaystyle\sum_{k=1}^{n}k+\sum_{k=1}^{n}1$ ← 定数係数2はΣの外に出せる。

$\underbrace{\frac{1}{2}n(n+1)}\quad\underbrace{n\cdot 1}$ ← 公式：$\displaystyle\sum_{k=1}^{n}k=\frac{1}{2}n(n+1),\ \sum_{k=1}^{n}c=nc$

$=2\cdot\frac{1}{2}n(n+1)+n=n^2+n+n$

$=n^2+2n=n(n+2)$ 　となって，答えだ。

(2) $\displaystyle\sum_{k=1}^{n}2k^2(2k-3)=\sum_{k=1}^{n}(4k^3-6k^2)$

$=4\displaystyle\sum_{k=1}^{n}k^3-6\sum_{k=1}^{n}k^2$ ← ひき算は項別にΣ計算できる！定数係数はΣの表に出せる！

$\underbrace{\frac{1}{4}n^2(n+1)^2}\quad\underbrace{\frac{1}{6}n(n+1)(2n+1)}$ ← 公式：$\displaystyle\sum_{k=1}^{n}k^2=\frac{1}{6}n(n+1)(2n+1)$　$\displaystyle\sum_{k=1}^{n}k^3=\frac{1}{4}n^2(n+1)^2$

$=4\cdot\frac{1}{4}n^2(n+1)^2-6\cdot\frac{1}{6}n(n+1)(2n+1)$

$=n(n+1)\{n(n+1)-(2n+1)\}$ ← $n(n+1)$でくくった！

$=n(n+1)(n^2-n-1)$ 　となる。

(3) $(-2)^{k+1}=(-2)^{2+k-1}=\underbrace{(-2)^2}\cdot(-2)^{k-1}=\underbrace{4(-2)^{k-1}}$ より，$\underbrace{4}$　$\underbrace{a\cdot r^{k-1}\text{の形！}}$ ← 初項a，公比rの等比数列

$\displaystyle\sum_{k=1}^{n}(-2)^{k+1}=\sum_{k=1}^{n}4\cdot(-2)^{k-1}$ → 公式：$\displaystyle\sum_{k=1}^{n}a\cdot r^{k-1}=\frac{a(1-r^n)}{1-r}$ $(r\neq1)$

$=\frac{4\cdot\{1-(-2)^n\}}{1-(-2)}=\frac{4}{3}\{1-(-2)^n\}$ となる。

それでは次の問題にチャレンジしてみよう。

次の **(1)** の数列を $\{a_n\}$，**(2)** の数列を $\{b_n\}$ とおき，それぞれの一般項を求め，初めの **n** 項の和を求めよ。

(1) 5，3，1，-1，$\cdots$　　　　**(2)** $2\cdot1$，　$4\cdot4$，　$6\cdot7$，　$8\cdot10$，$\cdots$

(1) の数列 $\{a_n\}$ は，初項 $a=5$，公差 $d=-2$ の等差数列なので，一般項 a_n がすぐ求まるね。**(2)** の数列 $\{b_n\}$ は，2 つの異なる数列の積の形になっているので，まず分解して考えると，うまくいくんだよ。

(1) 5，3，1，-1，$\cdots$

　　この数列 $\{a_n\}$ は，初項 $a=5$，公差 $d=-2$ の等差数列より，その一般項 a_n は，

$$a_n = \boxed{a} + (n-1)\boxed{d} = 5 + (n-1)\cdot(-2) = 5 - 2n + 2$$

（a の上に 5，d の上に (-2)）

> 一般項 a_n の公式通りだね。

$$\therefore a_n = 7 - 2n \cdots\cdots ① \quad (n = 1, 2, 3, \cdots)$$

　　よって，この数列の初めの **n** 項の和を S_n とおくと

> ・引き算は項別に，
> ・定数係数は Σ の外に出して，Σ 計算できる。

$$S_n = \sum_{k=1}^{n} a_k = \sum_{k=1}^{n} (7 - 2k) = \sum_{k=1}^{n} 7 - 2\sum_{k=1}^{n} k$$

$a_1 + a_2 + a_3 + \cdots + a_n$ のこと　　$7\cdot n$　　$\dfrac{1}{2}n(n+1)$

$a_n = 7 - 2n$ より，$a_k = 7 - 2k$ となる。

> 公式：$\displaystyle\sum_{k=1}^{n} k = \frac{1}{2}n(n+1)$
> $\displaystyle\sum_{k=1}^{n} c = nc$

$$\therefore S_n = 7n - 2\cdot\frac{1}{2}n(n+1) = 7n - n^2 - n = n(6-n) \text{ となる。}$$

別解

　$\{a_n\}$ は，初項 $a=5$，公差 $d=-2$ の等差数列より，数列の和 S_n は，

（ⅰ）$S_n = \dfrac{n\{2\boxed{a} + (n-1)\boxed{d}\}}{2} = \dfrac{n\{10 - 2(n-1)\}}{2} = n(6-n)$

（a の上に 5，d の上に (-2)）

　　と計算してもいいし，

（ⅱ）$S_n = \dfrac{n(\boxed{a_1} + \boxed{a_n})}{2} = \dfrac{n(5 + 7 - 2n)}{2} = n(6-n)$　としてもいい。

（a_1 の上に 5，a_n の上に $7-2n$）

（初項＋末項）×（項数）÷2

(2) $b_1 = 2 \cdot 1$, $b_2 = 4 \cdot 4$, $b_3 = 6 \cdot 7$, $b_4 = 8 \cdot 10$, …… より,

数列 $\{b_n\}$ の一般項 b_n は $b_n = \bigcirc \cdot \triangle$ の形をしているのが分かるだろう。

$\bigcirc$ の方は, 2, 4, 6, 8, …と, 初項 2, 公差 2 の等差数列だから,

$\bigcirc = 2 + (n-1) \cdot 2 = 2n$ となる。

次, $\triangle$ の方は, 1, 4, 7, 10, …と, 初項 1, 公差 3 の等差数列だから,

$\triangle = 1 + (n-1) \cdot 3 = 3n - 2$ となる。

以上より, 数列 $\{b_n\}$ の一般項 b_n は,

$$b_n = 2n \times (3n-2) = 6n^2 - 4n \quad (n = 1, 2, 3, \cdots) \quad と求まる。$$

> $\bigcirc = 2n$, $\triangle = 3n-2$ は, 共に等差数列だけど, その積の $b_n = 2n \cdot (3n-2)$ は
> もはや, 等差数列とは言えないことに注意しよう。

よって, この数列の初めの n 項の和を T_n とおくと,

> ・引き算は項別に,
> ・係数は Σ の外に出して,
> Σ 計算できる。

$$T_n = \sum_{k=1}^{n} b_k = \sum_{k=1}^{n} (6k^2 - 4k) = 6\sum_{k=1}^{n} k^2 - 4\sum_{k=1}^{n} k$$

$\underbrace{\quad}_{b_k}$ $\boxed{\frac{1}{6}n(n+1)(2n+1)}$ $\boxed{\frac{1}{2}n(n+1)}$ ← 公式通り

$$\therefore T_n = 6 \cdot \frac{1}{6}n(n+1)(2n+1) - 4 \cdot \frac{1}{2}n(n+1) = n(n+1)(2n+1) - 2n(n+1)$$

$$= n(n+1)(2n+1-2) = n(n+1)(2n-1) \quad となって, 答えだ!$$

これをくくり出した

それじゃ次は, $\sum_{k=1}^{n} (I_k - I_{k+1})$ の形の Σ 計算の練習もしておこう。

練習問題 6 $\sum_{k=1}^{n}(I_k - I_{k+1})$ CHECK*1* CHECK*2* CHECK*3*

(1) $\sum_{k=1}^{n} (2^{k+1} - 2^k)$ を求めよ。

(2) $a_n = \dfrac{1}{1+2+3+\cdots+n}$ $(n = 1, 2, \cdots)$ のとき, $\sum_{k=1}^{n} a_k$ を求めよ。

---

(1) $2^{k+1} - 2^k$ は, $I_{k+1} - I_k$ の形なので, $2^{k+1} - 2^k = -1 \cdot (2^k - 2^{k+1})$ として, (2) は,
$a_k = 2\left(\dfrac{1}{k} - \dfrac{1}{k+1}\right)$ と部分分数に分解して, 計算すればいい。

$$(1) \sum_{k=1}^{n} \underbrace{(2^{k+1} - 2^k)}_{-1 \cdot (2^k - 2^{k+1})} = -\sum_{k=1}^{n} \left(\underbrace{2^k}_{I_k} - \underbrace{2^{k+1}}_{I_{k+1}} \right)$$

-1 を，Σ の外に出した！

$\sum(I_k - I_{k+1})$ の形だから途中の項が消えて，最初と最後の項だけが残る！

$k = 1$ のとき　$k = 2$ のとき　$k = 3$ のとき　　$k = n$ のとき

$$= -\{(2^1 - 2^2) + (2^2 - 2^3) + (2^3 - 2^4) + \cdots + (2^n - 2^{n+1})\}$$

途中の項が打ち消し合って，なくなる！

$$= -(2 - 2^{n+1}) = 2^{n+1} - 2 = 2^n \cdot 2^1 - 2 = 2 \cdot (2^n - 1) \quad \text{となって答えだ。}$$

最初と最後の項だけが残る。　　　　　　　　2 をくくり出した。

別解

これは，$\displaystyle \sum_{k=1}^{n} (2^{k+1} - 2^k) = \sum_{k=1}^{n} 2^k = \sum_{k=1}^{n} 2 \cdot 2^{k-1}$　←　$\displaystyle \sum_{k=1}^{n} a \cdot r^{k-1}$ の形

$2 \cdot 2^k - 2^k = (2-1) \cdot 2^k = 2^k$

初項 $a = 2$，公比 $r = 2$ の等比数列の初めの n 項の和のことだから，

$$\frac{a(1 - r^n)}{1 - r} = \frac{2(1 - 2^n)}{1 - 2} = \frac{2(1 - 2^n)}{-1} = 2(2^n - 1) \quad \text{と求めても，いいよ。}$$

---

(2) $a_n = \dfrac{1}{1 + 2 + 3 + \cdots + n}$　$(n = 1, \ 2, \ 3, \ \cdots)$ の分母に着目すると，

$$1 + 2 + 3 + \cdots + n = \sum_{k=1}^{n} k = \frac{1}{2} n(n+1) \quad \text{のことだから，}$$

$$a_n = \frac{1}{\dfrac{1}{2} n(n+1)} = \frac{2}{n(n+1)} = 2 \cdot \left(\underbrace{\frac{1}{n}}_{I_n} - \underbrace{\frac{1}{n+1}}_{I_{n+1}} \right) \quad \text{と変形できる。}$$

部分分数に分解

よって，求める数列の和は

$$\sum_{k=1}^{n} a_k = \sum_{k=1}^{n} 2\left(\frac{1}{k} - \frac{1}{k+1} \right) = 2\sum_{k=1}^{n} \left(\underbrace{\frac{1}{k}}_{I_k} - \underbrace{\frac{1}{k+1}}_{I_{k+1}} \right)$$

$$= 2\left\{ \left(\frac{1}{1} - \frac{1}{2} \right) + \left(\frac{1}{2} - \frac{1}{3} \right) + \left(\frac{1}{3} - \frac{1}{4} \right) + \cdots + \left(\frac{1}{n} - \frac{1}{n+1} \right) \right\}$$

途中の項が打ち消し合ってなくなる。

$I_1 - I_{k+1}$ のみ残る。

$$= 2\left(1 - \frac{1}{n+1} \right) = 2 \times \frac{n + 1 - 1}{n+1} = \frac{2n}{n+1} \quad \text{となって，答えだ！}$$

この位やれば，Σ 計算にもかなり自信が付いたと思う。Σ 計算の **6 つ** の公式と **2 つの性質**をうまく組み合せていくことがポイントだったんだね。では，Σ の計算の公式 $\displaystyle\sum_{k=1}^{n} k^2 = \frac{1}{6}n(n+1)(2n+1)$ …($*$)(P21) の証明をやっておこう。ポイントは $\displaystyle\sum_{k=1}^{n}(I_k - I_{k+1}) = I_1 - I_{n+1}$ の変形を利用することなんだ。また，公式 $\displaystyle\sum_{k=1}^{n} k = \frac{1}{2}n(n+1)$ …($*$)′ は使えるものとするよ。

では，まず $(k+1)^3 - k^3$ を展開してみると，

$\boxed{I_k = k^3 \text{とおくと，これが } I_{k+1} - I_k \text{ の形になっているんだね。}}$

$(k+1)^3 - k^3 = k^3 + 3k^2 + 3k + 1 - k^3 = 3k^2 + 3k + 1$ …① となるのはいいね。

$\boxed{k^3 + 3k^2 + 3k + 1}$ ← $\boxed{(a+b)^3 = a^3 + 3a^2 b + 3ab^2 + b^3 \text{ を使った}}$

この①の k を 1，2，3，…n と動かした和，すなわち $\displaystyle\sum_{k=1}^{n}$ をとると，

$$\sum_{k=1}^{n}\left\{(k+1)^3 - k^3\right\} = \sum_{k=1}^{n}(3k^2 + 3k + 1) \text{ …②}$$ となるね。

・ここで，②の左辺は，-1 をくくりだすと，Σ 計算の中身は $I_k - I_{k+1}$ の形なので

$$-\sum_{k=1}^{n}\left\{\underbrace{k^3}_{I_k} - \underbrace{(k+1)^3}_{I_{k+1}}\right\} = -\left\{(\underbrace{1^3}_{I_1} - 2^3) + (2^3 - 3^3) + \cdots + \underbrace{n^3 - (n+1)^3}_{I_{n+1}}\right\}$$

$\boxed{\text{途中は打ち消し合って消える！}}$

$$= -\left\{1^3 - (n+1)^3\right\} = (n+1)^3 - 1 = n^3 + 3n^2 + 3n \text{ …③}$$ となる。

$\boxed{I_1 - I_{n+1} \text{のみが残る！}}$　$\boxed{n^3 + 3n^2 + 3n + 1}$

・次に，②の右辺は，

$$3\sum_{k=1}^{n} k^2 + 3\cdot\sum_{k=1}^{n} k + \sum_{k=1}^{n} 1 = 3\sum_{k=1}^{n} k^2 + \frac{3}{2}n(n+1) + n \text{ …④}$$ となる。

$\boxed{(*)\text{′ の公式}: \frac{1}{2}n(n+1)}$　$\boxed{n\cdot 1 = n \quad (n \text{ 個の 1 の和})}$

③と④を②に代入すると，

$$n^3 + 3n^2 + 3n = 3\sum_{k=1}^{n} k^2 + \frac{3}{2}n(n+1) + n \text{ …⑤}$$ となるんだね。

したがって，これを $\displaystyle\sum_{k=1}^{n} k^2 = \cdots\cdots$ の形にまとめれば，($*$) の公式が導かれるはずだ。後もう少しだ！頑張ろう！！

⑤を変形して，

$$3\sum_{k=1}^{n} k^2 = n^3 + 3n^2 + 3n - \frac{3}{2}n^2 - \frac{3}{2}n - n$$

$$= n^3 + \frac{3}{2}n^2 + \frac{1}{2}n = \frac{1}{2}n(2n^2 + 3n + 1)$$

$\boxed{\dfrac{1}{2}n \text{ をくくり出した}}$

$\boxed{\text{たすきがけ}}$

$$\therefore 3\sum_{k=1}^{n} k^2 = \frac{1}{2}n(n+1)(2n+1) \quad \text{よって，この両辺を 3 で割って，}$$

公式：$\displaystyle\sum_{k=1}^{n} k^2 = \frac{1}{6}n(n+1)(2n+1)\cdots(\,*\,)$ が導けるんだね。大丈夫？

　公式の証明って，結構大変だけれど，今のキミ達ならば理解できたんじゃないか？公式：$\displaystyle\sum_{k=1}^{n} k^3 = \frac{1}{4}n^2(n+1)^2$ も，同様に証明できるんだけれど，この証明は，この後に解説する "**数学的帰納法**"（すうがくてききのうほう）(**P66**) のところでやってみようと思う。

　それじゃ，新しいテーマに入ろう。数列の和 S_n から一般項 a_n を求める手順についても解説しよう。これも，試験では頻出テーマなんだよ。

● 数列の和 S_n から，一般項 a_n を求めよう！

　数列の初項から第 n 項までの和 S_n が，何かある（n の式）で与えられたとき，これを基にして，一般項 a_n を求めることができる。まず，その解法のパターンを下に示すよ。

■ S_n から a_n を求める解法パターン

$S_n = a_1 + a_2 + \cdots + a_n = \underline{f(n)}$　（$n = 1$，2，3，$\cdots$）　が与えられた場合，

$\boxed{\text{これは，} n^2 - n \text{ や，} 2^n \text{ など，何か（} n \text{ の式）のことだ。}}$

（ⅰ）$a_1 = S_1$

（ⅱ）$n \geqq 2$ のとき，$a_n = S_n - S_{n-1}$　となる。

（ⅱ）の方から説明しよう。

$S_n = a_1 + a_2 + a_3 + \cdots + a_{n-1} + a_n$ ……㋐　のことだから，当然 S_{n-1} は

$S_{n-1} = a_1 + a_2 + a_3 + \cdots + a_{n-1}$　……㋑　となる。

ここで，⑦－④を実行すると，$\underwave{a_1+a_2+a_3+\cdots+a_{n-1}}$ の部分が打ち消されて，$S_n-S_{n-1}=a_n$ となる。よって，

"一般項 $a_n=S_n-S_{n-1}$ で求まった！"と，思っちゃいけないよ。

(ⅱ)では，$n \geqq 2$，すなわち $n=2$, 3, 4, $\cdots$ でしか，$a_n=S_n-S_{n-1}$ を定義できないと言ってるからだ。何故 $n=1$ のときはこの式で定義できないか解説しよう。

　その秘密が，S_{n-1} にあるんだ。でも，まず，S_n について調べておこう。

　$n=3$ のとき，S_n は，$S_3=a_1+a_2+a_3$ のことだね。じゃ，

　$n=2$ のとき，S_n は，$S_2=a_1+a_2$ となる。さらに，

　$n=1$ のとき，S_n は，$S_1=a_1$ となってしまうね。

つまり，$n=1$ のとき，S_1 は，a_1 から a_1 までの和だから，$S_1=a_1$ となるんだね。じゃ，S_0 はどう？ S_0 とは，a_1 から a_0 までの和だから…，ムムム…となってしまうだろう。つまり，S_1 までは存在するけれど，"S_0 なんて存在しない"というのが正解なんだ。

ここで，もう1度(ⅱ)の $a_n=S_n-S_{n-1}$ をみてごらん。そして，この n に 1 を代入してごらん。すると，$a_1=S_1-S_{1-1}=S_1-\underline{S_0}$ となって，定義できない S_0 が出てきてしまうだろう。だから，(ⅱ)の $a_n=S_n-S_{n-1}$ は $n=1$ では定義できない，つまり，$n \geqq 2$ でのみ使える式ということになるんだね。

　じゃ，$n=1$ のときの a_1 はどうするのかって？ 思い出してごらん。$S_1=a_1$ だから，（ⅰ）$a_1=S_1$ と表せるんだね。以上より，

　$S_n=f(n)$ で与えられた場合，2つのステップ

$\boxed{\text{何かある（$n$ の式）}}$

　（ⅰ）$a_1=S_1$　　（ⅱ）$n=2$, 3, 4, $\cdots$ のとき，$a_n=S_n-S_{n-1}$

により，すべての自然数 n について，a_n を求めることができるんだね。

サァ，それでは，次の練習問題で実際に数列の和 S_n から一般項 a_n を求める練習をしてみよう。

数列 $\{a_n\}$ の初項から第 n 項までの和 S_n $(n = 1, 2, 3, \cdots)$ が，次のように与えられているとき，一般項 a_n $(n = 1, 2, 3, \cdots)$ を求めよ。

(1) $S_n = n^2 + 2n$ 　　　　(2) $S_n = 2^n + 1$

数列の和 S_n が何か (n の式) で与えられたら，(1)$a_1 = S_1$，(2)$n \geqq 2$ のとき，$a_n = S_n - S_{n-1}$，の 2 つのステップで a_n を求めればいいんだね。

(1) $S_n = a_1 + a_2 + \cdots + a_n = n^2 + 2n$ 　$(n = 1, 2, 3, \cdots)$ より，

　(i) 初項 $a_1 = \underline{S_1 = 1^2 + 2 \cdot 1} = 1 + 2 = 3$　←[第 1 ステップ]

　　　　[$S_n = n^2 + 2n$ の n に 1 を代入！]

　(ii) $n \geqq 2$ のとき，　[S_n]　　　　　　[S_{n-1}]

　　　$a_n = \underline{S_n} - \underline{S_{n-1}} = n^2 + 2n - \{(n-1)^2 + 2(n-1)\}$　←[第 2 ステップ]

　　　　　　　　　　　　　　[$S_n = n^2 + 2n$ の n に $n-1$ を代入したもの]

　　　　　$= n^2 + 2n - (n^2 - 2n + 1) - 2(n - 1)$

　　　　　$= n^2 + 2n - n^2 + 2n - 1 - 2n + 2 = 2n + 1$

　　　　　$\therefore a_n = 2n + 1$ ……① 　$(n = 2, \ 3, \ 4, \ \cdots)$

注意

$a_n = 2n + 1$ は，$n \geqq 2$ でしか定義できないが，この n に 1 を代入すると，たまたまだけど，$a_1 = 2 \cdot 1 + 1 = 3$ となって (i) の $a_1 = S_1 = 3$ の結果と一致する。このような場合は $n = 1, 2, 3, \cdots$ で，一般項 $a_n = 2n + 1$ と表してもいいんだよ。

　　①の $a_n = 2n + 1$ に $n = 1$ を代入すると，$a_1 = 2 \times 1 + 1 = 3$ となって，

　　(i) の結果と一致する。

　　以上 (i)(ii) より，　[n を 1 からスタートできる！]

　　一般項 $a_n = 2n + 1$ 　$(n = 1, 2, 3, \cdots)$ 　となって，答えだ。

(2) $S_n = a_1 + a_2 + \cdots + a_n = 2^n + 1$ 　$(n = 1, 2, 3, \cdots)$ より，

　(i) $a_1 = \underline{S_1 = 2^1 + 1} = 2 + 1 = 3$　←[第 1 ステップ]

　　　　[$S_n = 2^n + 1$ の n に 1 を代入したもの]

(ii) $n \geq 2$ のとき，

$$a_n = \underline{S_n} - \underline{S_{n-1}} = \boxed{S_n}\;\boxed{S_{n-1}}\; 2^n + 1 - (2^{n-1} + 1)$$

$$\boxed{S_n = 2^n + 1 \text{ の } n \text{ に } n-1 \text{ を代入したもの}}$$

$$= 2^n + \cancel{1} - 2^{n-1} - \cancel{1} = \underline{2^n} - 2^{n-1}$$

$$\boxed{2^{1+n-1} = 2^1 \cdot 2^{n-1} = 2 \cdot 2^{n-1}}$$

$$= 2 \cdot \underline{2^{n-1}} - \underline{2^{n-1}} = (2-1) \cdot 2^{n-1} = 2^{n-1}$$

$$\therefore a_n = 2^{n-1} \quad (n = 2,\ 3,\ 4,\ \cdots) \qquad \boxed{2^{n-1} \text{ をくくり出した。}}$$

注意

$a_n = 2^{n-1}$ の n に 1 を代入すると，$a_1 = 2^{1-1} = 2^0 = 1$ となって，(i) の $a_1 = S_1 = 3$ とは一致しない。この場合は，(i) $n = 1$ のときと，(ii) $n \geq 2$ のときに分けて，表示しなければならないね。

以上 (i)(ii) より，

(i) $a_1 = 3$　　(ii) $n \geq 2$ のとき，$a_n = 2^{n-1}$　となる。

$$\boxed{\text{これは，} a_1 = 3, a_2 = 2^{2-1} = 2, a_3 = 2^{3-1} = 2^2 = 4, a_4 = 2^{4-1} = 2^3 = 8, \cdots \text{ となる数列だ！}}$$

以上で，今日の講義は終了です。内容が盛り沢山だったから，かなり疲れただろうね。お疲れ様。よく頑張ったね！　少し休んで，また元気になったら，よ～く復習しておいてくれ。今は理解できているつもりでも，人間って忘れやすい生き物だから，ちょっと間をおくと，せっかくの知識が記憶のかなたへと飛んでいってしまうからだ。自分の頭にシッカリ定着させるには，反復練習が１番なんだよ。

それでは，次回は，数列の中でも最もメインなテーマ "**漸化式**" について解説する。これを乗り越えれば，数列もほぼマスターしたと言っていいから，また頑張ろうな。それじゃ，みんな元気で，バイバイ。

3rd day 漸化式 (等差型・等比型・階差型・等比関数列型)

　みんなおはよう！　数列も **3** 回目の講義になるね。今日教える "**漸化式**" は，数列の中でもメインテーマと言えるものなんだ。試験でも最頻出の分野なんだよ。でも，ここでつまづいて数列が分からなくなる人も多いので，今日の講義は特に集中して聞いてくれ。

　エッ，難しそうって？　大丈夫！　いつも通り，分かりやすく教えるから心配は無用だ。むしろ "**漸化式**" をマスターして強くなった自分を想い描きながら，この講義も楽しんでくれたらいいんだよ。サァ，始めるよ！

● 漸化式って，何！？

　これまで，等差数列や等比数列について勉強してきたね。数列が a_1, a_2, a_3, … のように与えられると，その中にある規則性を見つけて一般項 a_n を求めたりしたね。

　でも，これから解説する漸化式は a_1, a_2, a_3, … のように具体的に数列を並べず，その代わりに，初項 a_1 の値と，a_n と a_{n+1} との間の関係式を考えるんだ。この第 n 項 a_n と第 $n+1$ 項 a_{n+1} との間の関係式のことを "**漸化式**" と言うんだよ。例を示そう。

$(ex1)$ <u>$a_1 = 5$</u>, <u>$a_{n+1} = a_n + 4$</u> …① 　 $(n = 1, 2, 3, …)$

　　　　[初項の値]　　[漸化式 (a_n と a_{n+1} との間の関係式)]

　エッ，これだけって!?　そう，これだけだ。でも，これから，a_1, a_2, a_3, … の数列を具体的に再現できるよ。

まず，初項 $a_1 = 5$ だね。そして，①の n に **1** を代入すると

　　$a_{1+1} = a_1 + 4$ より，第 **2** 項 $a_2 = \overset{5}{\boxed{a_1}} + 4 = 5 + 4 = 9$ が導ける。

次，①の n に **2** を代入すると

　　$a_{2+1} = a_2 + 4$ より，第 **3** 項 $a_3 = \overset{9}{\boxed{a_2}} + 4 = 9 + 4 = 13$ が導ける。

さらに，①の n に **3** を代入すると

　　$a_{3+1} = a_3 + 4$ より，第 **4** 項 $a_4 = \overset{13}{\boxed{a_3}} + 4 = 17$ が導けるんだね。

以下同様に，この数列は，

$a_1,\quad a_2,\quad a_3,\quad a_4,\quad \cdots$

$5,\quad\quad 9,\quad\quad 13,\quad\quad 17,\quad \cdots$　　より，

初項 $a = 5$，公差 $d = 4$ の等差数列だと分かるので，

一般項 $a_n = a + (n-1)\cdot d = 5 + (n-1)\cdot 4 = 4n + 1$　$(n = 1, 2, \cdots)$

も求まるね。

　このように，漸化式 $a_1 = 5$，$a_{n+1} = a_n + 4$ $\cdots$① から，一般項 $a_n = 4n + 1$ を求めることを，"漸化式を解く" と言うんだよ。慣れてくると $a_1, a_2,$ $a_3, \cdots$ と具体的に数列を並べなくても，漸化式から直接，一般項 a_n を求めることができるようになる。今回は，その漸化式の解き方をキミ達に伝授しようと思う。

● 等差数列型の漸化式から始めよう！

　まず，等差数列型の漸化式を導こう。等差数列の場合，初項 a_1 に公差 d をたして a_2，そして a_2 に d をたして a_3，$\cdots$ となるわけだから，

$a_2 = a_1 + d,\ a_3 = a_2 + d,\ a_4 = a_3 + d,\ \cdots$ となる。よって，第 n 項 a_n に公差 d をたしたものが a_{n+1} になるので，a_n と a_{n+1} の関係式

$a_{n+1} = a_n + d$　←［a_n と a_{n+1} との関係式なので，これが漸化式だ。］

が導ける。これが "**等差数列型の漸化式**" で，これに初項 a_1 の値が与えられたならば，この一般項 a_n は

$a_n = a_1 + (n-1)d$

と求められる。これが，等差数列型漸化式の "**解**" になるんだよ。

　以上をまとめておこう。

等差数列型の漸化式

$a_1 = a,\ a_{n+1} = a_n + d\ (n = 1, 2, 3, \cdots)$ のとき，　←［漸化式］

一般項 $a_n = a + (n-1)d\ (n = 1, 2, 3, \cdots)$ となる。←［解］

　どう？ 簡単でしょう。それじゃ，次の問題を解いてごらん。

次の漸化式を解け。

(1) $a_1 = 3$, $a_{n+1} = a_n + \dfrac{1}{2}$ $(n = 1, 2, 3, \cdots)$

(2) $a_1 = 6$, $a_{n+1} = a_n - 4$ $(n = 1, 2, 3, \cdots)$

(3) $a_1 = 1$, $a_{n+1} = \dfrac{a_n}{2a_n + 1}$ $(n = 1, 2, 3, \cdots)$

---

(1)(2) 共に $a_{n+1} = a_n + d$ の形をしているので，等差数列型の漸化式だね。よって，これを解いて $a_n = a + (n-1)d$ を求めればいい。(3) は，逆数をとって，新たに $\dfrac{1}{a_n} = b_n$ とおけば，数列 $\{b_n\}$ の等差数列型の漸化式が導ける。このような変形にも慣れると，さらに強くなれるよ。

(1) $a_1 = 3$, $a_{n+1} = a_n + \boxed{\dfrac{1}{2}}$ …① $(n = 1, 2, 3, \cdots)$ ← これが，漸化式

これが，公差 *d* だ。

① より，数列 $\{a_n\}$ は初項 $a = 3$，公差 $d = \dfrac{1}{2}$ の等差数列だから，この

一般項 a_n は，

$$\dfrac{6-1}{2} = \dfrac{5}{2}$$

$$a_n = a + (n-1)d = 3 + (n-1) \cdot \dfrac{1}{2} = \dfrac{1}{2}n + \boxed{3 - \dfrac{1}{2}}$$

$$\therefore a_n = \dfrac{1}{2}n + \dfrac{5}{2} \quad (n = 1, 2, 3, \cdots) \quad となる。$$ ← これが，解

(2) $a_1 = 6$, $a_{n+1} = a_n \boxed{-4}$ …② $(n = 1, 2, 3, \cdots)$ ← これが，漸化式

これが，公差 *d* だ。

② より，数列 $\{a_n\}$ は初項 $a = 6$，公差 $d = -4$ の等差数列だから，

この一般項 a_n は，

$$a_n = 6 + (n-1) \cdot (-4) = 6 - 4n + 4$$

$$\therefore a_n = 10 - 4n \quad (n = 1, 2, 3, \cdots) \quad となるね。$$ ← これが，解

(3) 分数式で難しそうな形をしているけれど，こんな場合は逆数をとって
みると話が見えてくるよ。

$$a_1 = 1, \quad a_{n+1} = \frac{a_n}{2a_n + 1} \quad \cdots ③ \quad (n = 1, 2, 3, \cdots) \quad \longleftarrow \boxed{\text{分数形式の漸化式}}$$

③の逆数をとると，

$$\frac{1}{a_{n+1}} = \frac{2a_n + 1}{a_n} = 2 + \frac{1}{a_n} \quad \cdots ③' \text{ となる。よって，ここで，}$$

$\underbrace{\quad}_{b_{n+1}} \qquad \underbrace{\quad}_{b_n}$ $\boxed{n \text{ の代わりに，} n+1 \text{ が代入されるだけだね。}}$

$\dfrac{1}{a_n} = b_n$ とおくと， $\underline{\dfrac{1}{a_{n+1}} = b_{n+1}}$ ，また $b_1 = \dfrac{1}{a_1} = \dfrac{1}{1} = 1$ より，③' は

$$b_1 = 1, \quad b_{n+1} = b_n + 2 \quad \cdots ④ \quad \longleftarrow \boxed{\text{等差数列型の漸化式}} \quad \text{となる。}$$

④より数列 $\{b_n\}$ は，初項 $b = 1$，公差 $d = 2$ の等差数列だから，

この一般項 b_n は，$b_n = 1 + (n - 1) \cdot 2 = 2n - 1$

よって，$b_n = \dfrac{1}{a_n} = 2n - 1$ より，求める数列 $\{a_n\}$ の一般項 a_n は，b_n

の逆数をとって，$a_n = \dfrac{1}{2n - 1}$ $(n = 1, 2, 3, \cdots)$ となるんだね。

どう？ 大丈夫だった？ $a_{n+1} = a_n + d$ の形の漸化式が出てきたら，すぐ
"これは等差数列だ！"とピンとこないといけないよ。

● **等比数列型の漸化式も押さえよう！**

それじゃ次，等比数列型の漸化式を導こう。等比数列の場合，初項 a_1
に公比 r をかけて a_2 になり，この a_2 に r をかけて a_3 になる。以下同様に
$a_2 = r \cdot a_1, \ a_3 = r \cdot a_2, \ a_4 = r \cdot a_3, \cdots$ となる。これから，第 n 項 a_n に公比 r
をかけたら第 $n+1$ 項 a_{n+1} になるので，等比数列型の漸化式は，

$$a_{n+1} = r \cdot a_n$$

となるんだね。ここで，初項 $a_1 = a$ の値が与えられると，これは，公比 r
の等比数列なので，その解である一般項 a_n は当然，

$$a_n = a \cdot r^{n-1}$$

となる。以上をまとめて次に示すよ。

等比数列型の漸化式

$a_1 = a$, $a_{n+1} = r \cdot a_n$ $(n = 1, 2, 3, \cdots)$ のとき, ← 漸化式

一般項 $a_n = a \cdot r^{n-1}$ $(n = 1, 2, 3, \cdots)$ となる。 ← 解

これも, シンプルで分かりやすいだろう。でも, この等比数列型の漸化式は, 後でまた出てくるので, この形をシッカリ頭に入れておいてくれ。

それでは, この等比数列型の漸化式の解法についても, 次の練習問題でシッカリ練習しておこう。

練習問題 9 　等比数列型の漸化式　　CHECK *1*　CHECK*2*　CHECK*3*

次の漸化式を解け。

(1) $a_1 = 4$, $a_{n+1} = \dfrac{1}{3} a_n$ $(n = 1, 2, 3, \cdots)$

(2) $a_1 = 5$, $a_n = 2a_{n-1}$ $(n = 2, 3, 4, \cdots)$

---

(1)は, $a_{n+1} = r \cdot a_n$ $(n = 1, 2, 3, \cdots)$ の等比数列型の漸化式なので, 一般項 $a_n = a \cdot r^{n-1}$ を求めればいい。(2)は漸化式が, <u>$a_n = 2 \cdot a_{n-1}$</u> $(n = \underset{=}{2}, 3, 4, \cdots)$ となっているが, $n = 2$ の
　　　　　　　　　　　　　　　　a_n と a_{n-1} の関係式　　2 スタート
とき $a_2 = 2a_{\boxed{1}}$, $n = 3$ のとき $a_3 = 2a_{\boxed{2}}$, $n = 4$ のとき $a_4 = 2a_{\boxed{3}}$, …となって, これは, <u>a_{n+1}</u>
　　　　　2−1　　　　　　　　3−1　　　　　　　　4−1
$= 2a_n$ $(n = \underset{=}{1}, 2, 3, \cdots)$ と同じだね。
a_n と a_{n+1} の関係式　　1 スタート

(1) $a_1 = 4$, $a_{n+1} = \boxed{\dfrac{1}{3}} a_n$ …① $(n = 1, 2, 3, \cdots)$ ← 漸化式
　　　　　　　　　　　これが, 公比 r

　①より, 数列 $\{a_n\}$ は初項 $a = 4$, 公比 $r = \dfrac{1}{3}$ の等比数列だから,

　この一般項 a_n は,

$$a_n = a \cdot r^{n-1} = 4 \cdot \left(\dfrac{1}{3}\right)^{n-1} \quad (n = 1, 2, 3, \cdots) \text{ となる。} ← 解$$

(2) $a_1 = 5$, $a_n = 2a_{n-1}$ …② $(n = \underset{=}{2}, 3, 4, \cdots)$ は ← 漸化式

　$a_1 = 5$, $a_{n+1} = 2a_n$ …②′ $(n = \underset{=}{1}, 2, 3, \cdots)$ と同じだね。

38

②′より，数列 $\{a_n\}$ は初項 $a = 5$，公比 $r = 2$ の等比数列だから，この一般項 a_n は，

$$a_n = a \cdot r^{n-1} = 5 \cdot 2^{n-1} \quad (n = 1, 2, 3, \cdots) \text{ となるね。} \leftarrow \boxed{解}$$

どう？ これで，等比数列型の漸化式の解き方も分かっただろう。

● 階差数列型の漸化式では Σ 計算が必要だ！

等差数列型の漸化式は $a_{n+1} = a_n + d$ だったから，これを変形して

$a_{n+1} - a_n = d$ とできる。ここで，この公差 d が，2 や 3 などの定数では
　　　　　$\underbrace{}_{\boxed{定数}}$

なく，$2n$ や 3^n など，なにか (n の式) のとき，これを b_n とおけば，〝階差数列型の漸化式〟になるんだよ。

$$a_{n+1} - a_n = b_n \cdots \text{⑦} \quad (n = 1, 2, 3, \cdots) \leftarrow \boxed{階差数列型の漸化式}$$
　　　　　$\underbrace{}_{\boxed{何か (n \text{ の式})}}$

この階差数列型の漸化式の場合，その解 a_n は $n \geqq 2$ でしか定義されなくて，

$$a_n = a_1 + \sum_{k=1}^{n-1} b_k \cdots \text{④} \quad (n = \underline{2}, 3, 4, \cdots) \text{ となる。} \leftarrow \boxed{\begin{array}{l} n = 1 \text{ のときは} \\ 定義できない！ \end{array}}$$
　　　　　　　$\underbrace{}_{\boxed{2 \text{ スタート}}}$

急に難しくなったって？ 大丈夫！ これから，ゆっくり解説するからね。

でも，定数 d が (n の式) b_n にちょっと変わっただけで，解がかなり複雑な形になるんだね。要注意だね。

階差数列型の漸化式 $a_{n+1} - a_n = b_n \cdots \text{⑦}$ について，

$n = 1$ のとき，　$a_{1+1} - a_1 = b_1$ より，　$a_2 - a_1 = b_1$ ………⑦

$n = 2$ のとき，　$a_{2+1} - a_2 = b_2$ より，　$a_3 - a_2 = b_2$ ………㋐

$n = 3$ のとき，　$a_{3+1} - a_3 = b_3$ より，　$a_4 - a_3 = b_3$ ………㋕

…………………………………………　　　　…………………

$\underline{n = n - 1}$ のとき，$a_{n-1+1} - a_{n-1} = b_{n-1}$ より，　$a_n - a_{n-1} = b_{n-1} \cdots ㋙$ となる。

> これを等式と見て，$0 = -1$ となって矛盾になる，と思ってはいけない。
> この $n = n - 1$ の式は，$a_{n+1} - a_n = b_n \cdots ⑦$ の n に $n-1$ を代入するという意味なんだよ。　$\boxed{n-1 \text{ を代入}}$ $\boxed{n-1 \text{ を代入}}$

ここで，⑦，㋐，㋕，…，㋙ の両辺をそれぞれバッサリたしてみるよ。すると，左辺は途中の項がバサバサバサ… と打ち消し合って，なくなってしまうパターンになっていることに気付くはずだ。

$$(\cancel{a_2} - a_1) + (\cancel{a_3} - \cancel{a_2}) + (\cancel{a_4} - \cancel{a_3}) + \cdots + (a_n - \cancel{a_{n-1}}) = b_1 + b_2 + b_3 + \cdots + b_{n-1}$$

これは残る　　　　　　　　　　　　　　　　　　これは残る　　　　$\displaystyle\sum_{k=1}^{n-1} b_k$

少し見づらいけど，a_2, a_3, $\cdots$, a_{n-1} は
$\oplus$, $\ominus$ ですべて打ち消し合ってなくなる！

$$\therefore -a_1 + a_n = \sum_{k=1}^{n-1} b_k \ \text{より，} \quad a_n = a_1 + \sum_{k=1}^{n-1} b_k \ \cdots ⑦ \ \text{が導けた！}$$

でも，ここで 1 つ要注意だ。

$$\sum_{k=1}^{3} b_k = b_1 + b_2 + b_3, \quad \sum_{k=1}^{2} b_k = b_1 + b_2, \quad \sum_{k=1}^{1} b_k = b_1 \ \text{となるように，} \sum \text{の上の}$$

数字は 1 が最小値で，$\displaystyle\sum_{k=1}^{0} b_k$ なんて定義できないんだね。

b_1 から b_0 までの和 (???)

ここで，⑦の右辺に $\displaystyle\sum_{k=1}^{n-1} b_k$ の項があるので，$n \geq 2$ でしか定義できないこと

$1-1$

になる。何故って？ $n = 1$ のとき，$\displaystyle\sum_{k=1}^{0} b_k$ となって，変な $\sum$ 計算になるか

らだ。以上より，⑦は，$n = 2$, 3, 4, $\cdots$ でしか成り立たないんだね。

以上をまとめて示すよ。

階差数列型の漸化式

$a_1 = a$, $a_{n+1} - a_n = b_n$ $(n = 1, 2, 3, \cdots)$ のとき，　←漸化式

$n \geq 2$ で，$a_n = a_1 + \displaystyle\sum_{k=1}^{n-1} b_k$ となる。　←解　　ただし，a_1 は別扱い

それでは，階差数列型の漸化式の問題も実際に解いてみよう。

b_n のこと

$(ex1)$ 漸化式 $a_1 = 1$, $a_{n+1} - a_n = 2n$ $\cdots$① $(n = 1, 2, 3, \cdots)$ を解いてみよう。

①は階差数列型の漸化式より，

$$n \geq 2 \ \text{で，} \ a_n = \underset{\substack{\| \\ 1}}{a_1} + \sum_{k=1}^{n-1} \underset{b_k \text{のこと}}{2k} = 1 + 2\sum_{k=1}^{n-1} k$$

公式：$\displaystyle\sum_{k=1}^{n} k = \frac{1}{2}n(n+1)$ の

n に $n-1$ を代入したもの

$\dfrac{1}{2}(n-1)(n-\cancel{1}+\cancel{1}) = \dfrac{1}{2}n(n-1)$

$$\therefore a_n = 1 + 2 \cdot \frac{1}{2}n(n-1) = n^2 - n + 1 \quad \cdots ② \quad (n = 2, 3, 4, \cdots)$$

> この $a_n = n^2 - n + 1$ は，$n \geq 2$ でしか定義されていない。でも，この n に 1 を代入すると $a_1 = 1^2 - 1 + 1 = 1$ となって，与えられた条件 $a_1 = 1$ と一致する。よって，これは $n = 1$ でも定義できる式なんだね。大丈夫？

ここで，$n = 1$ のとき，②は $a_1 = 1^2 - 1 + 1 = 1$ となって，$n = 1$ のときもみたす。

$\therefore$ 一般項 $a_n = n^2 - n + 1 \quad (n = \underline{1}, 2, 3, \cdots)$ となる。

$$\boxed{1 \text{ スタート！}}$$

どう？階差数列型漸化式の解き方が分かった？では，次の練習問題でさらに練習しよう。

練習問題 10	階差数列型の漸化式	CHECK 1	CHECK 2	CHECK 3

次の漸化式を解け。

(1) $a_1 = 3, \quad a_{n+1} - a_n = 3^n \quad (n = 1, 2, 3, \cdots)$

(2) $a_1 = 1, \quad a_{n+1} = \dfrac{a_n}{2na_n + 1} \quad (n = 1, 2, 3, \cdots)$

(1) は，階差数列型の漸化式：$a_{n+1} - a_n = b_n$ の形をしているのがスグ分かるね。(2) は，どうする？…そうだね。こんな分数形式の漸化式は逆数をとればいいんだね。そして，$\frac{1}{a_n} = b_n$ とおくと，これも階差数列型漸化式に帰着することが分かるはずだ。頑張ろう！

(1) $a_1 = 3, \quad a_{n+1} - a_n = \boxed{3^n} \cdots ③ \quad (n = 1, 2, 3, \cdots)$ (b_n のこと)

③は階差数列型の漸化式より，

$n \geq 2$ で，

$$a_n = \boxed{a_1} + \sum_{k=1}^{n-1} \boxed{3^k}$$
(a_1＝3, b_k のこと)

> 階差数列型漸化式
> $a_{n+1} - a_n = b_n$ のとき，
> $n \geq 2$ で
> $a_n = a_1 + \sum_{k=1}^{n-1} b_k$ となる。
> (a_1 については別に調べる)

> $3^1 + 3^2 + \cdots + 3^{n-1}$ より，これは初項 $a = 3$，公比 $r = 3$ の等比数列の $n-1$ 項（項数）の和となる。$\therefore \dfrac{a(1 - r^{n-1})}{1 - r} = \dfrac{3(1 - 3^{n-1})}{1 - 3}$

41

$$a_n = 3 + \frac{3(1-3^{n-1})}{1-3} = 3 + \frac{3}{2} \cdot \overparen{(3^{n-1} - 1)}$$

$$= \frac{1}{2} \cdot 3^n + \boxed{3 - \frac{3}{2}}$$

$$\boxed{\frac{6-3}{2} = \frac{3}{2}}$$

$$\therefore \ a_n = \frac{1}{2}(3^n + 3) \ \cdots\cdots ④ \ (n = 2, \ 3, \ 4, \ \cdots)$$

$n = 1$ のとき, ④は $a_1 = \frac{1}{2} \cdot (3^1 + 3) = 3$ となって, $n = 1$ のときもみたす.

よって, 一般項 $a_n = \frac{1}{2}(3^n + 3) \ (n = \underline{\underline{1}}, \ 2, \ 3, \ \cdots)$ となる.

$\boxed{1 \, スタート！}$

(2) $a_1 = 1, \ a_{n+1} = \dfrac{a_n}{2na_n + 1} \ \ \cdots\cdots ⑤ \ (n = 1, \ 2, \ 3, \ \cdots)$

⑤のような漸化式では, まず逆数をとってみよう. すると,

$$\frac{1}{\underset{\boxed{b_{n+1}}}{a_{n+1}}} = \frac{2na_n + 1}{a_n} = 2n + \frac{1}{\underset{\boxed{b_n}}{a_n}} \ \cdots\cdots ⑥ \ となる. よって,$$

$\dfrac{1}{a_n} = b_n$ とおくと, $\dfrac{1}{a_{n+1}} = b_{n+1}$ であり, $b_1 = \dfrac{1}{\underset{1}{\boxed{a_1}}} = \dfrac{1}{1} = 1$ より,

⑥は, $b_{n+1} = 2n + b_n$ となる. よって, ⑤の漸化式は, 次のようになる.

$b_1 = 1, \ b_{n+1} - b_n = 2n \ \ \cdots\cdots ⑦$

よって, $n \geqq 2$ で

$$b_n = \underset{\boxed{1}}{b_1} + 2\underset{\boxed{\frac{1}{2}n(n-1)}}{\sum_{k=1}^{n-1} k} = 1 + \overset{\cancel{2}}{} \cdot \frac{1}{\cancel{2}}\overparen{n(n-1)} = n^2 - n + 1 \ \ (n = 2, \ 3, \ 4, \ \cdots)$$

これは, $n = 1$ のとき, $b_1 = 1^2 - 1 + 1 = 1$ となってみたす. よって,

数列 $\{b_n\}$ の一般項 $b_n \left(= \dfrac{1}{a_n} \right)$ は, 次のようになる.

$b_n = \dfrac{1}{a_n} = n^2 - n + 1 \ (n = 1, \ 2, \ 3, \ \cdots)$ よって, 最後に, この逆数

をとると, 数列 $\{a_n\}$ の一般項が,

$a_n = \dfrac{1}{n^2 - n + 1} \ \ \ (n = 1, \ 2, \ 3, \ \cdots)$ と求まるんだね. 納得いった？

● 等比関数列型の漸化式は，$F(n+1) = r \cdot F(n)$ だ！

　これまで，等差数列型，等比数列型，そして階差数列型の漸化式について勉強した。でも，漸化式には，さらに複雑な形をしたものがあり，これを解くのに，みんな結構苦労するんだよ。でも，これから解説する "等比関数列型の漸化式" の解法をマスターすれば，複雑な形をした漸化式も難なくこなせるようになるんだよ。エッ，名前が複雑だけど，"等比数列型の漸化式" に似てるって？　その通り!!　いい勘してるね。実は "等比関数列型の漸化式" は "等比数列型の漸化式" とソックリな形をしているんだ。この 2 つを対比して，下に示すよ。

等比関数列型の漸化式
$F(n+1) = r \cdot F(n)$ ならば， $F(n) = F(1) \cdot r^{n-1}$ と変形できる。 　　　　$(n = 1, 2, 3, \cdots)$

等比数列型の漸化式
$a_{n+1} = r \cdot a_n$ のとき $a_n = a_1 \cdot r^{n-1}$ となる。 　　　　$(n = 1, 2, 3, \cdots)$

どう？　等比数列型の a_n，a_{n+1}，a_1 の代わりに等比関数列型では $F(n)$，$F(n+1)$，$F(1)$ になってるだけで，式の形はまったく同じなのが分かるね。ン？　でも，意味がよく分からんって？　当然だ！　これから，例を使って詳しく解説しよう。

$(ex1)$　$a_{n+1} - 2 = 3 \cdot (a_n - 2)$ …⑦ が，$F(n+1) = r \cdot F(n)$ の 1 つの例だよ。

　　$F(n)$ というのは何か（n の式）のことで，今回，$F(n) = \underset{\boxed{n \text{ の式}}}{a_n - 2}$ とおくと，

　　$F(n+1)$ は $F(n)$ の n の代わりに $n+1$ が入るだけなので，

　　$F(n+1) = \underset{\boxed{n+1 \text{ の式}}}{a_{n+1} - 2}$ となるんだね。そして，公比 r に当たるのが，⑦

では 3 なんだね。つまり，⑦の式は，

$\underline{a_{n+1} - 2} = 3 \cdot \underline{(a_n - 2)}$ となって，キレイな等比関数列型の漸化式に

$[\underline{F(n+1)} = 3 \cdot \underline{F(n)}]$

なっている。そしてこの形がくれば，等比数列の一般項を

$a_n = a_1 \cdot r^{n-1}$ と求めたのと同様に，$F(n) = F(1) \cdot r^{n-1}$ と変形できる。

ここで，$F(1)$ は $F(n)$ の n の代わりに 1 を代入したものだから，この

場合 $F(1) = a_1 - 2$ となる。よって，

$\underline{a_n - 2} = \underline{(a_1 - 2)} \cdot 3^{n-1}$ と変形できるんだ。これをもう 1 度まとめると，

$[\underline{F(n)} = \underline{F(1)} \cdot 3^{n-1}]$

$\underline{a_{n+1} - 2} = 3 \cdot \underline{(a_n - 2)}$ ならば

$[\underline{F(n+1)} = 3 \cdot \underline{F(n)}]$

$\underline{a_n - 2} = \underline{(a_1 - 2)} \cdot 3^{n-1}$ と変形できるんだね。

$[\underline{F(n)} = \underline{F(1)} \cdot 3^{n-1}]$

> $a_{n+1} = 3 \cdot a_n$ ならば $a_n = a_1 \cdot 3^{n-1}$ と変形できるのとまったく同じだね！

どう？ 少しは理解できた？ まだ，今一だって？ いいよ。もっと練習

しよう。

$(ex2)$ $a_{n+1} + 4 = \dfrac{1}{2}(a_n + 4)$ …① も，等比関数列型の漸化式の形だね。

$\boxed{\text{公比}}$

$F(n) = a_n + 4$ とおくと

$\boxed{n \text{ の式}}$

$F(n+1) = a_{n+1} + 4$

$F(1) = a_1 + 4$ となるね。

> $F(n) = a_n + 4$ の n 以外の部分はまったくいじらずに，
> ・$F(n+1)$ は n の代わりに $n+1$ を
> ・$F(1)$ は n の代わりに 1 を
> 代入したものなんだ！

よって，等比関数列型の漸化式の考え方から

$\underline{a_{n+1} + 4} = \dfrac{1}{2} \underline{(a_n + 4)}$ …①ならば，

$\left[\underline{F(n+1)} = \dfrac{1}{2} \cdot \underline{F(n)}\right]$

> $a_{n+1} = \dfrac{1}{2} \cdot a_n$ ならば，
> $a_n = a_1 \cdot \left(\dfrac{1}{2}\right)^{n-1}$ と変形できるのと同じだ！

$\underline{a_n + 4} = \underline{(a_1 + 4)} \cdot \left(\dfrac{1}{2}\right)^{n-1}$ と変形できる。

$\left[\underline{F(n)} = \underline{F(1)} \cdot \left(\dfrac{1}{2}\right)^{n-1}\right]$

44

$(ex3)$ $\underline{a_{n+1} - 1} = -2(\underset{\sim\sim\sim\sim}{a_n - 1})$ も，同様に等比関数列型の漸化式より

$\quad [F(n+1) = -2 \cdot F(n)]$

$\quad \underline{a_n - 1} = \underline{(a_1 - 1)} \cdot (-2)^{n-1}$ と変形できるんだね。

$\quad [\underset{=}{F(n)} = \underset{=}{F(1)} \cdot (-2)^{n-1}]$

　この位やれば，等比関数列型の漸化式にもずい分慣れてきただろう。

それでは，さらに例題でも練習しておこう。

(a) 次の漸化式を解いて，一般項 a_n を求めよう。

$\quad a_1 = 5, \quad a_{n+1} - 4 = 2(a_n - 4) \cdots$ ① $(n = 1, 2, 3, \cdots)$

①は，$F(\underline{n}) = a_{\underline{n}} - 4$ とおくと，$F(\underline{n+1}) = a_{\underline{n+1}} - 4$ となるので，これは

$\boxed{n\,\text{の代わりに，}\,n+1\,\text{が入るだけ！}\ a - 4\,\text{の形はそのままで，いじらない！}}$

公比 $r = 2$ の等比関数列型の漸化式になってるんだね。

$\quad \underline{a_{n+1} - 4} = 2(\underset{\sim\sim\sim\sim}{a_n - 4})$ より，

$\quad [F(n+1) = 2 \cdot F(n)]$

$\boxed{\begin{array}{l} a_{n+1} = 2a_n\,\text{ならば，} \\ a_n = a_1 \cdot 2^{n-1}\,\text{と変形できる} \\ \text{のと同じだね。} \end{array}}$

$\quad \underline{a_n - 4} = (\underset{=\!=}{\overset{5}{(a_1)}} - 4) \cdot 2^{n-1}$

$\quad [\underset{=}{F(n)} = \underset{=}{F(1)} \cdot 2^{n-1}]$

これに $a_1 = 5$ を代入して，$a_n - 4 = (5 - 4) \cdot 2^{n-1}$

∴ 一般項 $a_n = 2^{n-1} + 4$ $(n = 1, 2, 3, \cdots)$ と求まる。どう？ $F(n+1) = r \cdot F(n)$ ならば，$F(n) = F(1) \cdot r^{n-1}$ の考え方が，有効に使われているだろう？

● $a_{n+1} = pa_n + q$ の形の漸化式を解こう！

　これから $a_{n+1} = pa_n + q$ $(p, q：実数定数, p \neq 1, q \neq 0)$ の形の漸化式について，その解き方を教えよう。これについては，初めから例題で解説するよ。

(b) 次の漸化式を解いて，一般項 a_n を求めよう。

$\quad a_1 = 4, \quad a_{n+1} = 3a_n - 4 \cdots$ ② $(n = 1, 2, 3, \cdots)$

この漸化式 $a_{n+1} = \underset{=}{3a_n} \underset{=}{- 4} \cdots$ ② を，よ～く見てくれ。もし，-4 がなければ，$a_{n+1} = \overset{r}{\boxed{3}} a_n$ となって，これは公比 3 の等比数列だね。またもし，a_n の係数 $\underset{=}{3}$ がなければ，$a_{n+1} = a_n \overset{d}{\boxed{-4}}$ となり，これは公差 -4 の等差数列になるね。

でも，今回の $a_{n+1} = \underset{=}{3a_n} \underset{=}{- 4} \cdots$ ② は，$a_{n+1} = pa_n + q$ の，$p \neq 1$ かつ $q \neq 0$

$\qquad\qquad\qquad \underset{\boxed{p}}{} \quad \underset{\boxed{q}}{}$

45

の形をしているので，等比数列でも，等差数列でもない，何か別の型の数列の漸化式だってことが分かると思う。

じゃ，これをどう解くか？ これから解説しよう。このような，$a_{n+1} = pa_n + q \ (p \neq 1, \ q \neq 0)$ の形の漸化式が出てきたら，"**特性方程式**" を使って解いていけばいいんだよ。この特性方程式とは，$a_{n+1} = pa_n + q$ の a_{n+1} と a_n のところに未知数 x を代入した方程式のことだ。

よって，今回の例題の漸化式 $a_{n+1} = \underset{\boxed{x \text{を代入}}}{3a_n} - 4$ …② の特性方程式は，

$x = 3x - 4$ …③ となる。これを解くと，$\boxed{公比}$

$3x - x = 4, \ 2x = 4 \ \ \therefore x = \underset{\sim}{2}$ となるので，②の a_n の係数（公比）$\underline{3}$ はそのままで，この特性方程式の解 $\underset{\sim}{2}$ を②の両辺から引いて②を変形すると，次のようになる。

$\quad a_{n+1} - \underset{\sim}{2} = \underset{=}{3}(a_n - \underset{\sim}{2})$ …④

> 実際にこれを変形すると
> $a_{n+1} - 2 = 3a_n - 6$
> $a_{n+1} = 3a_n - 4$ となって，②になる！

すると，これはこれまで練習してきた等比関数列型の漸化式になっているのが分かるだろう。つまり，$F(n) = a_n - 2$ とおくと，$F(n+1) = a_{n+1} - 2$ となり

$\quad a_{n+1} - 2 = 3(a_n - 2)$ …④から $\quad [F(n+1) = 3 \cdot F(n)]$

$\quad a_n - 2 = (\boxed{a_1}^4 - 2) \cdot 3^{n-1}$ へと $\quad [F(n) = F(1) \cdot 3^{n-1}]$

アッという間に変形できるんだね。後は初項 $a_1 = 4$ をこれに代入して，

$\quad a_n - 2 = (4 - 2) \cdot 3^{n-1} \ \ \therefore$ 一般項 $a_n = 2 \cdot 3^{n-1} + 2 \ (n = 1, 2, 3, \cdots)$ と求まる。

どう？ 面白かった？ でも，みんなまだ納得していない顔付きだね。当ててみようか？ "特性方程式って，何!?"，"何で，特性方程式の解 2 を使って，$F(n+1) = 3 \cdot F(n)$ の形にもち込めるんだ!??" って，疑問で頭の中がいっぱいなんだろうね。当然の疑問だ！ これから詳しく解説しよう。

まず，②の漸化式と，この特性方程式③を 2 つ並べて書いてみるよ。

$$\begin{cases} a_{n+1} = 3a_n - 4 \ \cdots② \\ \quad x = 3x - 4 \ \cdots③ \end{cases}$$

そして，②－③を実行してみよう。すると

$\quad a_{n+1} - x = 3a_n - \cancel{4} - (3x - \cancel{4})$

$\quad a_{n+1} - x = 3(a_n - x)$ となって，ボク達が練習した，"**等比関数列型の漸**

$[F(n+1) = 3 \cdot F(n)]$

46

化式"が出てくるでしょう。後は，この x に特性方程式の解 $x = 2$ を代入したものが④式だったんだね。そして，④式が出てくればアッという間に変形して $F(n) = F(1) \cdot 3^{n-1}$ の形にもち込めて，一気に一般項 a_n が求められたんだね。これですべて納得できただろう？ いいね。それじゃ，練習問題でさらに $a_{n+1} = pa_n + q$ の形の漸化式について，練習しておこう。

練習問題 11	$a_{n+1} = pa_n + q$ 型の漸化式	CHECK 1	CHECK 2	CHECK 3

次の漸化式を解け。

(1) $a_1 = 2$, $a_{n+1} = -2a_n - 9$ …① $(n = 1, 2, 3, \cdots)$

(2) $a_1 = 7$, $2a_{n+1} = a_n + 6$ …② $(n = 1, 2, 3, \cdots)$

(3) $a_1 = 1$, $a_{n+1} = \dfrac{a_n}{a_n + 2}$ …③ $(n = 1, 2, 3, \cdots)$

(1)(2) 共に，$a_{n+1} = pa_n + q$ 型の漸化式なので，特性方程式 $x = px + q$ の解 α を用いて，等比関数列型の漸化式 $a_{n+1} - \alpha = p(a_n - \alpha)$ の形にもち込んで，アッという間に解いてしまえばいいんだよ。(3) は逆数をとれば，同様の形の漸化式に持ち込める。頑張れ！

(1) $a_1 = 2$, $a_{n+1} = -2a_n - 9$ …① $(n = 1, 2, \cdots)$

①の特性方程式は 公比

$x = -2x - 9$ これを解いて

$3x = -9$ ∴ $x = -3$

よって，①を変形して，

$a_{n+1} - (-3) = -2\{a_n - (-3)\}$

公比はそのまま！

$a_{n+1} + 3 = -2(a_n + 3)$ より ← 等比関数型の漸化式！

$[F(n+1) = -2 \cdot F(n)]$

$a_n + 3 = (a_1 + 3) \cdot (-2)^{n-1}$

$[F(n) = F(1) \cdot (-2)^{n-1}]$

これに $a_1 = 2$ を代入して，求める一般項 a_n は

$a_n = 5 \cdot (-2)^{n-1} - 3$ $(n = 1, 2, 3, \cdots)$ となる。

これで，一連の解法の流れがつかめただろう？

$\begin{cases} a_{n+1} = -2a_n - 9 & \text{…①} \\ x = -2x - 9 & \text{…①′} \end{cases}$

特性方程式

①−①′ より

$a_{n+1} - x = -2a_n + 2x$

$a_{n+1} - x = -2(a_n - x)$

$[F(n+1) = -2 \cdot F(n)]$

の形にもち込んで解く！

アッという間！

47

(2) $a_1 = 7$, $2a_{n+1} = a_n + 6$ $\cdots$② $(n = 1, 2, \cdots)$

②の両辺を **2** で割って

$$a_{n+1} = \frac{1}{2}a_n + 3 \quad \cdots ② ' \quad (n = 1, 2, \cdots)$$

$\underbrace{\phantom{\frac{1}{2}}}_{\boxed{公比}}$

②´の特性方程式は

$$x = \frac{1}{2}x + 3 \qquad これを解いて$$

$$x - \frac{1}{2}x = 3 \qquad \frac{1}{2}x = 3 \qquad \therefore \ x = 6$$

よって，②´を変形して，

$$a_{n+1} - 6 = \frac{1}{2}(a_n - 6) \ より$$

$$\left[F(n+1) = \frac{1}{2} \cdot F(n) \right]$$

$\boxed{等比関数列型の漸化式！}$

$\boxed{アッという間！}$

$$a_n - 6 = (\boxed{a_1}^{\ 7} - 6) \cdot \left(\frac{1}{2} \right)^{n-1}$$

$$\left[F(n) = \ F(1) \ \cdot \left(\frac{1}{2} \right)^{n-1} \right]$$

これに $a_1 = 7$ を代入して，求める一般項 a_n は

$$a_n = \left(\frac{1}{2} \right)^{n-1} + 6 \ (n = 1, 2, 3, \cdots) となって，答えだ！$$

右上の枠内：
$$\begin{cases} a_{n+1} = \frac{1}{2}a_n + 3 \cdots ② ' \\ \ x \ = \frac{1}{2}x + 3 \cdots ② '' \end{cases}$$

$\boxed{特性方程式}$

②´−②″ より

$$a_{n+1} - x = \frac{1}{2}a_n - \frac{1}{2}x$$

$$a_{n+1} - x = \frac{1}{2}(a_n - x)$$

$$\left[F(n+1) = \frac{1}{2} \cdot F(n) \right]$$

の形にもち込んで解く！

(3) $a_1 = 1$, $a_{n+1} = \dfrac{a_n}{a_n + 2}$ $\cdots$③ $(n = 1, 2, 3, \cdots)$

$a_n \neq 0$ として，③の逆数をとると，

$$\underbrace{\frac{1}{a_{n+1}}}_{\boxed{b_{n+1}}} = \frac{a_n + 2}{a_n} = 1 + 2 \cdot \underbrace{\frac{1}{a_n}}_{\boxed{b_n}} \quad となる。 \qquad ここで，\frac{1}{a_n} = b_n とおくと，$$

$$\frac{1}{a_{n+1}} = b_{n+1} \qquad また，b_1 = \frac{1}{a_1} = \frac{1}{1} = 1 \ より，③の漸化式は，$$

$$b_1 = 1, \quad b_{n+1} = 2b_n + 1 \ \cdots ③ ' \ と，書き換えられるのはいいね。$$

③´ の特性方程式は，

$x = 2x + 1$　　これを解いて，$x = \underline{-1}$

よって，③´ を変形して，

$b_{n+1} - (\underline{-1}) = 2\{b_n - (\underline{-1})\}$

$b_{n+1} + 1 = 2(b_n + 1)$

$[F(n+1) = 2 \cdot F(n)]$

アッという間！

$b_n + 1 = (\overset{1}{\underline{b_1}} + 1) \cdot 2^{n-1}$

$[F(n) = F(1) \cdot 2^{n-1}]$

これに，$b_1 = 1$ を代入すると，数列 $\{b_n\}$ の一般項 $b_n \left(= \dfrac{1}{a_n} \right)$ は，

$b_n = \dfrac{1}{a_n} = 2^n - 1$　　$(n = 1, 2, 3, \cdots)$　　よって，この逆数をとって，

求める数列 $\{a_n\}$ の一般項 a_n は，

$a_n = \dfrac{1}{2^n - 1}$　　$(n = 1, 2, 3, \cdots)$　となって，答えだ！面白かった？

　これだけ解けば，$a_{n+1} = pa_n + q$ の形の漸化式の解法にも自信がもてる
ようになっただろうね。

● $a_{n+1} = pa_n + f(n)$ の形にもチャレンジしよう！

　では次，$a_{n+1} = pa_n + q$ の漸化式のさらにワンランク上の難度の漸化式，
つまり，定数 $\underline{\underline{q}}$ が何か $\underline{\underline{n}}$ の式 $f(n)$ になっている漸化式：

$a_{n+1} = pa_n + \underline{f(n)}$ ……（ ＊ ）

これは，2^n や $2n$ など…，何か（n の式）のことだ

の解法についても解説しておこう。

　この場合にも，等比関数列型の漸化式：$F(n+1) = r \cdot F(n)$ に
もち込んで解けばいいんだけれど，$a_{n+1} = pa_n + q$ の形の漸化式のときの
ような，便利な特性方程式などはない。したがって，$F(n+1) = r \cdot F(n)$
の形にもち込むために，与えられた（ ＊ ）の形の漸化式を，自分でデザイ
ンしないといけないんだね。ン？よく分からんって！？当然だ！これから
具体例を使って，詳しく解説しよう。

では，$a_{n+1} = pa_n + f(n)$ の形の次の漸化式を解いてみよう。

$(ex1)a_1 = 4$，$a_{n+1} = 3a_n + 2^n$ ……①

> これが，n の式になっているんだね。

どうすればいいのか？まったく手が出ないって！？いいよ，ジックリ考えてみよう。まず，①の a_n の係数が 3 だから，①を等比関数列型漸化式に持ち込むと，当然

$F(n+1) = \underline{3} \cdot F(n)$ ……② の形になることは予想できるね。

では，$F(n)$ をどうするか？が問題だね。ここで，①の右辺には 2^n の項があるので，$F(n)$ は，何かある係数 α を用いて，

$F(n) = a_n + \alpha \cdot 2^n$ ……③ になるはずだね。

> この係数を付けるのがポイントだ！

このように，自分で $F(n)$ がどうなるか考える (デザインする) ことが，このような問題を解くコツなんだね。$F(n)$ が③のようになるとすると，$F(n+1)$ は，当然，③の n の代わりに $n+1$ が入るだけだから，

$F(n+1) = a_{n+1} + \alpha \cdot 2^{n+1}$ ……④ となる。

よって，②の等比関数列型漸化式は，

$a_{n+1} + \alpha \cdot 2^{n+1} = 3(a_n + \alpha \cdot 2^n)$ ……②′となるんだね。

$[\quad F(n+1) \quad = 3 \cdot \quad F(n) \quad]$

ここで，②′は①を変形したものだから，②′は元の①と一致しなければならないね。よって，②′をまとめなおすと，

$a_{n+1} + \underline{\alpha \cdot 2^{n+1}} = 3a_n + 3\alpha \cdot 2^n$ より，

> $2\alpha \cdot 2^n$

$a_{n+1} = 3a_n + \underline{3\alpha \cdot 2^n - 2\alpha \cdot 2^n}$

> $(3\alpha - 2\alpha)2^n = \alpha \cdot 2^n$

$a_{n+1} = 3a_n + \underline{\alpha} \cdot 2^n$ …②″となる。

> ①

この②″と①を比較すると，係数 $\alpha = 1$ であることが分かるはずだ。

よって，$\alpha = 1$ を②′に代入すると，$F(n+1) = 3 \cdot F(n)$ の形が完成するので，後は，$F(n) = F(1) \cdot 3^{n-1}$ として，一気に一般項 a_n が求まるんだね。では，いくよ！

50

②′に $\alpha = 1$ を代入して，$a_{n+1} + 1 \cdot 2^{n+1} = 3(a_n + 1 \cdot 2^n)$ より，

$a_{n+1} + 2^{n+1} = 3(a_n + 2^n)$ 　　よって，

$[\, F(n+1) = 3 \cdot F(n) \,]$

アッという間！

$a_n + 2^n = (\overset{4}{(a_1)} + 2^1) \cdot 3^{n-1}$ ……⑤

$[\, F(n) = F(1) \cdot 3^{n-1} \,]$

⑤に $a_1 = 4$ を代入して，まとめると，一般項 a_n が次のように求まる。

$a_n = \underline{(4+2) \cdot 3^{n-1}} - 2^n = 2 \cdot 3^n - 2^n$ 　　$(n = 1, 2, 3, \cdots)$

$\boxed{6 \cdot 3^{n-1} = 2 \cdot 3 \cdot 3^{n-1} = 2 \cdot 3^n}$

どう？自分で，$F(n+1) = r \cdot F(n)$ の形にもち込む（デザインする）面白さが少し分かっただろう？

ではもう1題，次の $a_{n+1} = p a_n + f(n)$ の形の漸化式を解いてみよう。

$(ex2) a_1 = 2,\ \ a_{n+1} = 2a_n + \underline{2n}$ ……⑥　　$(n = 1, 2, 3, \cdots)$

$\boxed{\text{これが，} n \text{の式} f(n) \text{になっている。}}$

⑥の右辺の a_n の係数が $\underline{\underline{2}}$ だから，⑥を等比関数列型漸化式の形にもち込めるとすると，当然，

　$F(n+1) = \underline{\underline{2}} \cdot F(n)$ ……⑦　の形になるはずだね。

では，今回の $F(n)$ をどのようにデザインするか？考えてごらん。…，⑥の右辺は n の1次式だから，　係数 α を用いて，$F(n) = a_n + \alpha n$ にすればいいんじゃないかって！？惜しいけど，それではウマくいかないね。今回は n の1次式ということで，定数項の β まで $F(n)$ に加えて $F(n) = a_n + \alpha n + \beta$ ……⑧　　$(\alpha, \beta : 定数)$ とおけばいいんだよ。

このとき，$F(n+1)$ は⑧の n の代わりに $n+1$ を代入したものだから，$F(n+1) = a_{n+1} + \alpha(n+1) + \beta$ ……⑨　となるね。

よって，⑧，⑨を⑦に代入すると，

$a_{n+1} + \alpha(n+1) + \beta = 2(a_n + \alpha n + \beta)$ ……⑦′　となるんだね。

$[\ \ \ \ \ F(n+1) \ \ \ \ \ = 2 \cdot \ \ \ \ F(n) \ \ \ \ ]$

ここで，この⑦′は，元の漸化式⑥を変形したものだから，⑦′は⑥と一致しなければならない。これから，α と β の値が決定できるんだね。そして，α と β の値さえ分かってしまえば，後はアッいう間に一気に解けるんだね。

$a_{n+1} + \alpha(n+1) + \beta = 2(a_n + \alpha n + \beta)$ …⑦′ を変形すると，

$a_{n+1} + \alpha n + \alpha + \beta = 2a_n + 2\alpha n + 2\beta$

$a_{n+1} = 2a_n + (2\alpha - \alpha)n + 2\beta - \alpha - \beta$ より，

$a_{n+1} = 2a_n + \underset{\boxed{2}}{\alpha n} \underset{\boxed{0}}{- \alpha + \beta}$ …⑦″ となるんだね。

この⑦″と，元の漸化式：$a_{n+1} = 2a_n + 2n$ …⑥を比較すると，

$\alpha = 2$，かつ $-\alpha + \beta = 0$（すなわち $\beta = \alpha$）が導かれる。

これから，$\alpha = 2$，$\beta = 2$ が分かったので，これを⑦′に代入して，

$a_{n+1} + 2(n+1) + 2 = 2(a_n + 2n + 2)$ となる。よって，

$[\qquad F(n+1) \qquad = 2 \cdot \quad F(n) \qquad]$

一気に解ける！

$a_n + 2n + 2 = (\overset{2}{\boxed{a_1}} + 2 \cdot 1 + 2) \cdot 2^{n-1}$ …⑩ となる。

$[\quad F(n) \qquad = \qquad F(1) \qquad \cdot 2^{n-1}]$

⑩に $a_1 = 2$ を代入してまとめると，一般項 a_n が求まるんだね。

$a_n + 2n + 2 = \underbrace{(2 + 2 + 2)}_{\boxed{6 \cdot 2^{n-1} = 3 \cdot 2 \cdot 2^{n-1} = 3 \cdot 2^n}} \cdot 2^{n-1}$

∴ 一般項 $a_n = 3 \cdot 2^n - 2n - 2$ $\quad(n = 1, 2, 3, \cdots)$ となって，答えだ！！

注意

もし，$F(n) = a_n + \alpha n$ として，定数項 β がない状態で，$F(n+1)$ を考えると，$F(n+1) = a_{n+1} + \alpha(n+1)$ となる。よって，これを $F(n+1) = 2 \cdot F(n)$ に代入してみると，

$a_{n+1} + \alpha(n+1) = 2(a_n + \alpha n)$ となるだろう。これをまとめると，

$[\quad F(n+1) \qquad = 2 F(n) \qquad]$

$a_{n+1} = 2a_n + 2\alpha n - \alpha n - \alpha$ より，

$a_{n+1} = 2a_n + \underset{\boxed{2}}{\alpha n} \underset{\boxed{0}}{- \alpha}$ となるね。

これと元の漸化式 $a_{n+1} = 2a_n + 2n$ …⑥を比較すると，

$\alpha = 2$ かつ $\alpha = 0(??)$ となって，矛盾が生じる。

よって，$F(n) = a_n + \alpha n + \beta$ の形にしなければならなかったんだね。

ずい分，等比関数列型漸化式：$F(n+1) = r \cdot F(n)$ の解法にも慣れてきたでしょう？それでは，今日最後の練習問題にチャレンジしてごらん。これで，さらにこの解法パターンの理解が深まると思う。

練習問題 12	$F(n+1)=r \cdot F(n)$ 型の漸化式	CHECK 1	CHECK 2	CHECK 3

次の漸化式を解け。

$a_1 = 1$, $(n+2)a_{n+1} = 2na_n$ ……① $(n = 1, 2, 3, \cdots)$

①の右辺の na_n を $F(n) = na_n$ とおくと，$F(n+1) = (n+1)a_{n+1}$ となるので，これは左辺の $(n+2)a_{n+1}$ と一致しない。だから，①のままでは，$F(n+1) = r \cdot F(n)$ の形にはなってないんだね。でも，ある式を①の両辺にかければ，$F(n+1) = 2 \cdot F(n)$ の形にもち込めるんだね。頑張ろう！

$a_1 = 1$, $\underline{(n+2)a_{n+1} = 2na_n}$ ……① $(n = 1, 2, 3, \cdots)$ について，

これは，$F(n) = na_n$ とおいても，$F(n+1) = 2F(n)$ の形にはなっていない！

①の両辺に $\underline{(n+1)}$ をかけると，←── これがポイントだね！

$\underbrace{(n+2)\underline{(n+1)}a_{n+1}}_{F(n+1)} = \underbrace{2\underline{(n+1)}na_n}_{F(n)}$ ……①′ となり，ここで，

$F(n) = (n+1) \cdot n \cdot a_n$ とおくと，

$F(n+1) = (n+1+1) \cdot (n+1)a_{n+1} = (n+2)(n+1)a_{n+1}$ となって，①′の左辺と一致する。よって，

$(n+2)(n+1)a_{n+1} = 2 \cdot (n+1)na_n$ ……①′を変形すると，

$[\quad F(n+1) \quad = 2 \cdot \quad F(n) \quad]$

アッという間！

$(n+1) \cdot n \cdot a_n = (1+1) \cdot 1 \cdot \boxed{a_1}^{1} \cdot 2^{n-1}$ ……② になる。

$[\quad F(n) \quad = \quad F(1) \quad \cdot 2^{n-1}]$

②に $a_1 = 1$ を代入すると，

$(n+1)na_n = 2 \cdot 2^{n-1} = 2^n$ となる。よって，求める一般項 a_n は，

$a_n = \dfrac{2^n}{n(n+1)}$ $(n = 1, 2, 3, \cdots)$ となって，答えだ！ どう？ 面白かった？

以上で，今日の講義は終了です。結構内容が盛り沢山だったからヨ〜ク復習してくれ！では，次回まで，みんな元気でね…。

みんな，おはよう！ 今日も，頑張ろうね！

ン？ 前回の等比関数列型漸化式：$F(n+1)=r \cdot F(n)$ をマスターできたって!? すばらしいね。この解法パターンをマスターすれば，数列の漸化式の主要な問題はすべて解けるようになるからね。

で，今回の講義のメインテーマも，やはりこの等比関数列型の漸化式の解法になるんだね。前回の講義を基にして，さらに応用問題にチャレンジしてみよう。

まず，初めに解説するのは，“**3項間の漸化式**”の問題なんだね。前回の講義では，a_n と a_{n+1} の間の関係式 (漸化式) だったんだけれど，今日は，さらにヴァージョン・アップして，3つの項 a_n と a_{n+1} と a_{n+2} の間の関係式 (漸化式) の問題について解説する。具体例として，まず，

$a_1=1$, $a_2=5$, $a_{n+2}-5a_{n+1}+6a_n=0$ $(n=1, 2, 3, \cdots)$ の問題を解いてみよう。ン？ 難しそうだって!? そうだね。確かにレベルは上がるけれど，これも等比関数列型漸化式：$F(n+1)=r \cdot F(n)$ の形にもち込めば，アッサリと解けることを示そう。

さらに，“**対称形の連立漸化式**”の解法についても教えよう。これも，具体例として，

$a_1=3$, $b_1=2$, $\begin{cases} a_{n+1}=3a_n+2b_n \\ b_{n+1}=2a_n+3b_n \end{cases}$ $(n=1, 2, 3, \cdots)$ の問題を解いてみよう。

これも，やはり，$F(n+1)=r \cdot F(n)$ の形にもち込むことができるので，比較的楽に 2 つの数列の一般項 a_n と b_n を求めることができるんだよ。面白そうでしょう？

そして，今日の最後のテーマは，漸化式からは離れるんだけれど，“**群数列**”の問題についても教えるつもりだ。これは，与えられた数列を群 (グループ) に分けて考えていくもので，数列の応用問題として，よく出題されるので，ここで，シッカリ練習しておこう。

今回もまた，盛り沢山の内容になるけれど，また分かりやすく丁寧に解説していくので，楽しみながら講義を受けてくれたらいいんだよ。

ではまず，“**3項間の漸化式**”の解法の解説から始めよう！

● 3項間の漸化式にもチャレンジしよう！

3項間の漸化式とは，具体的には $a_{n+2}+pa_{n+1}+qa_n=0$ $(n=1$，2，3，$\cdots)$ $(p$，q：定数$)$の形の漸化式のことで，実際に3項 a_n と a_{n+1} と a_{n+2} の関係式になっている。

この場合，初項 a_1 だけでなく，第2項 a_2 の値も与えられる。

具体例を出しておこう。

$$\begin{cases} a_1=1，a_2=5 \qquad \boxed{p=-5，q=6 \text{の場合}} \\ a_{n+2}-5a_{n+1}+6a_n=0 \cdots\cdots\cdots① \quad (n=1，2，3，\cdots) \end{cases}$$

①を変形して，$a_{n+2}=5a_{n+1}-6a_n$ $\cdots\cdots\cdots①'$ となるね。そして，

・$n=1$ のとき，$a_{n+2}=a_{1+2}=a_3$，$a_{n+1}=a_{1+1}=a_2$，$a_n=a_1$ より①' は，

$$a_3=5\underset{\boxed{5}}{a_2}-6\underset{\boxed{1}}{a_1}=5\cdot5-6\cdot1=25-6=19$$

・$n=2$ のとき，$a_{n+2}=a_{2+2}=a_4$，$a_{n+1}=a_{2+1}=a_3$，$a_n=a_2$ より①' は，

$$a_4=5\underset{\boxed{19}}{a_3}-6\underset{\boxed{5}}{a_2}=5\cdot19-6\cdot5=95-30=65$$

・$n=3$ のときも同様に

$$a_5=5a_4-6a_3=5\cdot65-6\cdot19=325-114=211$$

・・・・・・・・・・・・・・・・・・・・・・・・・・・・・・・・・・・・・　　　・・・・・・・・・・・・・・・・・・・・・

と，この後も a_6，a_7，a_8，$\cdots$ を，その前の2項の値から①' を使って求めていけることが分かったと思う。

では，この一般項 a_n はどのように求めるのか？ その手順を①の例題を使って解説していこう。

まず，$\underset{\boxed{x^2}}{a_{n+2}}-5\underset{\boxed{x}}{a_{n+1}}+6\underset{\boxed{1\text{を代入する}}}{a_n}=0$ $\cdots①$ の漸化式の a_{n+2} に x^2 を，a_{n+1} に x を，

そして a_n に1を代入してできる次の2次方程式②を特性方程式と呼ぶ。

$$\underline{x^2-5x+6=0} \cdots②$$ これを解いて

$\boxed{\text{特性方程式}}$

$(x-2)(x-3)=0$ より，$x=\underset{\sim\sim}{2}$，$\underline{\underline{3}}$

この特性方程式②の解 $x = 2$, 3 を用いると、①の **3**項間の漸化式から、次のように **2**つの等比関数列型の漸化式を導くことができる。

$$\begin{cases} a_{n+2} - 2 \cdot a_{n+1} = 3(a_{n+1} - 2 \cdot a_n) \cdots \text{③} \\ [\quad F(n+1) \quad = 3 \cdot \quad F(n) \quad] \\ a_{n+2} - 3 \cdot a_{n+1} = 2(a_{n+1} - 3 \cdot a_n) \cdots \text{④} \\ [\quad G(n+1) \quad = 2 \cdot \quad G(n) \quad] \end{cases}$$

$$\boxed{\begin{array}{l} a_1 = 1, \ a_2 = 5 \\ a_{n+2} - 5a_{n+1} + 6a_n = 0 \ \cdots \text{①} \\ x^2 - 5x + 6 = 0 \ \cdots\cdots\cdots\cdots \text{②} \\ \text{②の解} \ x = 2, \ 3 \end{array}}$$

・③について、これを変形すると、

$$a_{n+2} - 2a_{n+1} = \overbrace{3(a_{n+1} - 2a_n)}^{} \quad \text{右辺を左辺に移項して}$$
$$\underbrace{\phantom{3a_{n+1} - 6a_n}}_{\boxed{3a_{n+1} - 6a_n}}$$

$$a_{n+2} - 2a_{n+1} - 3a_{n+1} + 6a_n = 0$$
$$a_{n+2} - 5a_{n+1} + 6a_n = 0 \quad \text{となって、ナルホド①と一致する。}$$

また、$F(n) = a_{n+1} - 2a_n$ とおくと、$F(n+1) = a_{\underset{\boxed{n+2}}{\overset{n+1+1}{\parallel}}} - 2a_{n+1}$ となるので、

$$\boxed{n \text{ の代わりに、} n+1 \text{ を代入したもの}}$$

③は、等比関数列型漸化式 $F(n+1) = 3 \cdot F(n)$ になっていることも分かる。
同様に、

・④についても、これを変形すると、

$$a_{n+2} - 3a_{n+1} = 2a_{n+1} - 6a_n \quad \text{より、}$$
$$a_{n+2} - 5a_{n+1} + 6a_n = 0 \quad \text{となって、ナルホド①と一致する。}$$

また、$G(n) = a_{n+1} - 3a_n$ とおくと、$G(n+1) = a_{\underset{\boxed{n+2}}{\overset{n+1+1}{\parallel}}} - 3a_{n+1}$ となるので、

$$\boxed{n \text{ の代わりに、} n+1 \text{ を代入したもの}}$$

④も等比関数列型漸化式 $G(n+1) = 2 \cdot G(n)$ になっている。

後は、アッという間に一般項が求まるんだよ。

③より、$a_{n+1} - 2a_n = (\underset{\boxed{a_{1+1}=5}}{a_2} - 2 \cdot \underset{\boxed{1}}{a_1}) \cdot 3^{n-1} = (5-2) \cdot 3^{n-1} = 3^n \quad \cdots\cdots \text{③}'$

$$[\quad F(n) \quad = \quad \underline{F(1)} \quad \cdot \quad 3^{n-1}]$$

$$\boxed{F(n) = a_{n+1} - 2a_n \text{ の } n \text{ に } n=1 \text{ を代入したものが } F(1) = a_{\underset{\boxed{1+1}}{2}} - 2a_1 \text{ だ。}}$$

④より，$a_{n+1} - 3a_n = (\boxed{a_2} - 3 \cdot \boxed{a_1}) \cdot 2^{n-1} = (5-3) \cdot 2^{n-1} = 2^n$ ……④´

（$\boxed{a_{1+1}=5}$ $\boxed{1}$）

$\quad\quad [\quad G(n) \quad = \quad G(1) \quad \cdot 2^{n-1} \,]$

以上より，

$$\begin{cases} a_{n+1} - 2a_n = 3^n & \cdots\cdots ③´ \\ a_{n+1} - 3a_n = 2^n & \cdots\cdots ④´ \quad から \end{cases}$$

③´ － ④´ を求めると，$\underbrace{\cancel{a_{n+1}} - 2a_n - (\cancel{a_{n+1}} - 3a_n)}_{\boxed{-2a_n + 3a_n = a_n}} = 3^n - 2^n$ より

一般項 $a_n = 3^n - 2^n$ （$n = 1, 2, 3, \cdots$）が求まるんだね。面白かった？

でも，今キミ達の頭の中では，3項間の漸化式の特性方程式って何!?
何で $F(n+1) = r \cdot F(n)$ の形の漸化式が出来るんだ…などなど，疑問が
次々に浮かんできてると思う。これから，詳しく解説しておこう。
一般に，3項間の漸化式 $a_{n+2} + pa_{n+1} + qa_n = 0$ ……(a) （$n = 1, 2, 3, \cdots$）
（p, q：定数）が与えられたら，ボク達は，これを変形して2つの定数 α，
β を用いて，次の2つの等比関数列型の漸化式にもち込みたいんだね。

$$\begin{cases} a_{n+2} - \underset{\sim}{\alpha} \cdot a_{n+1} = \underline{\beta}(a_{n+1} - \underset{\sim}{\alpha} \cdot a_n) & \cdots\cdots (b) \\ [\quad F(n+1) \quad = \beta \cdot F(n) \quad] \\ a_{n+2} - \underline{\underline{\beta}} \cdot a_{n+1} = \underset{\sim}{\alpha}(a_{n+1} - \underline{\underline{\beta}} \cdot a_n) & \cdots\cdots (c) \\ [\quad G(n+1) \quad = \alpha \cdot G(n) \quad] \end{cases}$$

この (b)，(c) は，いずれもまとめると，同じ式：

$\underbrace{a_{n+2}}_{\boxed{x^2}} - \underbrace{(\alpha+\beta)}_{\boxed{p}}\underbrace{a_{n+1}}_{\boxed{x}} + \underbrace{\alpha\beta}_{\boxed{q}}\underbrace{a_n}_{\boxed{1}} = 0$ ……(d) となるのは大丈夫だね。

そして，この (d) は，(a) と一致するので，
$p = -(\alpha+\beta)$，$q = \alpha\beta$ となる。ここで
この (d) の a_{n+2} に x^2 を，a_{n+1} に x を，そして a_n に 1 を代入すると，
特性方程式 $x^2 - (\alpha+\beta)x + \alpha\beta \cdot 1 = 0$ ……(e) が導けるね。そして，これ
を解くと，
$(x-\alpha)(x-\beta) = 0$ より，$x = \underset{\sim}{\alpha}$, $\underline{\underline{\beta}}$ となる。

つまり (d)，すなわち (a) から導いた特性方程式 (2次方程式) (e) は，

たまたまだけれど，$F(n+1) = \beta F(n)$ …(b) と $G(n+1) = \alpha G(n)$ …(c) を作るのに必要で大事な定数 α，β を解にもつ方程式になるんだね。

これで謎はすべてクリアになったと思う。

それでは，次の練習問題で実践練習しておこう。

練習問題 13 | **3項間の漸化式** | CHECK *1* | CHECK *2* | CHECK *3*

次の漸化式を解け。

(1) $a_1 = 1$，$a_2 = 7$　$a_{n+2} - 7a_{n+1} + 12a_n = 0$ $(n = 1, 2, 3, \cdots)$

(2) $a_1 = 1$，$a_2 = 2$　$a_{n+2} - 2a_{n+1} - 3a_n = 0$　$(n = 1, 2, 3, \cdots)$

3項間の漸化式の問題なので，a_{n+2} に x^2 を，a_{n+1} に x を，a_n に 1 を代入した特性方程式を解いて，その解を使って等比関数列型の漸化式を 2 つ作ればいいんだね。後はアッという間に解けるからね。

(1) $a_1 = 1$，$a_2 = 7$

　$\underset{\boxed{x^2}}{a_{n+2}} - 7\underset{\boxed{x}}{a_{n+1}} + 12\underset{\boxed{1}}{a_n} = 0$ ……① $(n = 1, 2, 3, \cdots)$　とおく。

　①の特性方程式：$x^2 - 7x + 12 = 0$　を解いて，

　$(x - 3)(x - 4) = 0$　∴ $x = \underset{\sim}{3}$，$\underline{\underline{4}}$

　この解 $\underset{\sim}{3}$ と $\underline{\underline{4}}$ を用いて，①を変形すると，

$$\begin{cases} a_{n+2} - \underset{\sim}{3} \cdot a_{n+1} = \underline{\underline{4}} \cdot (a_{n+1} - \underset{\sim}{3} \cdot a_n) \\ [\quad F(n+1) \quad = 4 \cdot \quad F(n) \quad] \\ a_{n+2} - \underline{\underline{4}} \cdot a_{n+1} = \underset{\sim}{3} \cdot (a_{n+1} - \underline{\underline{4}} \cdot a_n) \\ [\quad G(n+1) \quad = 3 \cdot \quad G(n) \quad] \end{cases}$$

　よって，

$$\begin{cases} a_{n+1} - 3a_n = (\overset{7}{\boxed{a_2}} - 3\overset{1}{\boxed{a_1}}) \cdot 4^{n-1} \\ [\quad F(n) \quad = \quad F(1) \quad \cdot 4^{n-1}] \\ \\ a_{n+1} - 4a_n = (\overset{7}{\boxed{a_2}} - 4\overset{1}{\boxed{a_1}}) \cdot 3^{n-1} \\ [\quad G(n) \quad = \quad G(1) \quad \cdot 3^{n-1}] \end{cases}$$

アッ！

という間

58

$$\therefore \begin{cases} a_{n+1} - 3a_n = 4^n \cdots\cdots ② \\ a_{n+1} - 4a_n = 3^n \cdots\cdots ③ \end{cases} \quad より,$$

② − ③ を求めて，一般項 $a_n = 4^n - 3^n$ $(n = 1, 2, 3, \cdots)$ となる。

(2) $a_1 = 1, \quad a_2 = 2$

$$\underset{\boxed{x^2}}{a_{n+2}} - 2\underset{\boxed{x}}{a_{n+1}} - 3\underset{\boxed{1}}{a_n} = 0 \cdots\cdots ④ \quad (n = 1, 2, 3, \cdots) \quad とおく。$$

④の特性方程式：$x^2 - 2x - 3 = 0$ を解いて，

$(x - 3)(x + 1) = 0 \quad \therefore x = \underline{3}, \ \underline{-1}$

この解 $\underline{3}$ と $\underline{-1}$ を用いて，④を変形すると，

$$\begin{cases} a_{n+2} - \underline{3} \cdot a_{n+1} = \underline{-1} \cdot (a_{n+1} - \underline{3} \cdot a_n) \\ [\ F(n+1)\ =\ -1 \cdot\ F(n)\ ] \\ a_{n+2} + \underline{1} \cdot a_{n+1} = \underline{3} \cdot (a_{n+1} + \underline{1} \cdot a_n) \\ [\ G(n+1)\ =\ 3 \cdot\ G(n)\ ] \end{cases}$$

$\boxed{a_{n+2} - (\underline{-1})a_{n+1} = \underline{3} \cdot \{a_{n+1} - (\underline{-1}) \cdot a_n\}}$

よって，

$$\begin{cases} a_{n+1} - 3a_n = (\overset{2}{\boxed{a_2}} - 3\overset{1}{\boxed{a_1}}) \cdot (-1)^{n-1} \\ [\ F(n)\ =\ F(1)\ \cdot (-1)^{n-1}] \\ a_{n+1} + a_n = (\overset{2}{\boxed{a_2}} + \overset{1}{\boxed{a_1}}) \cdot 3^{n-1} \\ [\ G(n)\ =\ G(1)\ \cdot 3^{n-1}] \end{cases}$$

アッ！

という間

$$\therefore \begin{cases} a_{n+1} - 3a_n = (-1)^n \cdots\cdots ⑤ \\ a_{n+1} + a_n = 3^n \cdots\cdots\cdots ⑥ \end{cases} \quad より,$$

⑥ − ⑤ から，$4a_n = 3^n - (-1)^n$

よって，求める一般項 a_n は，$a_n = \dfrac{1}{4}\{3^n - (-1)^n\}$ $(n = 1, 2, 3, \cdots)$

となって，答えだ。面白かった？

● **対称形の連立漸化式の解法パターンも覚えよう！**

2つの数列 $\{a_n\}$ と $\{b_n\}$ の対称形の連立漸化式を下に示そう。

$$\begin{cases} a_{n+1} = \underline{p}a_n + \underline{q}b_n \cdots\cdots ㋐ \\ b_{n+1} = \underline{q}a_n + \underline{p}b_n \cdots\cdots ㋑ \end{cases} \quad (n = 1, 2, 3, \cdots) \quad (\underline{p}, \underline{q}：定数係数)$$

㋐，㋑のように，右辺の対角線上の
係数 $\underset{\sim}{p}$, $\underset{=}{q}$ が等しい形のものを，対称形
の連立漸化式というんだね。

$$\begin{cases} a_{n+1} = \underset{\sim}{p}a_n + \underset{=}{q}b_n \cdots\cdots ㋐ \\ b_{n+1} = \underset{=}{q}a_n + \underset{\sim}{p}b_n \cdots\cdots ㋑ \end{cases}$$

この例題を 1 題，下に示そう。

$a_1 = 3$, $b_1 = 2$

$\underset{\sim}{3}$ と $\underset{\sim}{3}$, $\underset{=}{2}$ と $\underset{=}{2}$ が等しい
対称形の連立漸化式だね。

$$\begin{cases} a_{n+1} = \underset{\sim}{3}\cdot a_n + \underset{=}{2}\cdot b_n \cdots\cdots ① \\ b_{n+1} = \underset{=}{2}\cdot a_n + \underset{\sim}{3}\cdot b_n \cdots\cdots ② \end{cases} \quad (n = 1, 2, 3, \cdots)$$

・①，②の両辺に，$n = 1$ を代入すると，

$$\underset{(a_{1+1})}{a_2} = \underset{(3)}{3}\cdot \underset{}{a_1} + \underset{(2)}{2}\cdot b_1 = 3^2 + 2^2 = 9 + 4 = 13$$

$$\underset{(b_{1+1})}{b_2} = \underset{(3)}{2}\cdot a_1 + \underset{(2)}{3}\cdot b_1 = 2\cdot 3 + 3\cdot 2 = 6 + 6 = 12$$

・①，②の両辺に，$n = 2$ を代入すると，

$$\underset{(a_{2+1})}{a_3} = 3\cdot \underset{(13)}{a_2} + 2\cdot \underset{(12)}{b_2} = 3\cdot 13 + 2\cdot 12 = 39 + 24 = 63$$

$$\underset{(b_{2+1})}{b_3} = 2\cdot \underset{(13)}{a_2} + 3\cdot \underset{(12)}{b_2} = 2\cdot 13 + 3\cdot 12 = 26 + 36 = 62$$

どう？ この要領で $a_1 = 3$, $a_2 = 13$, $a_3 = 63, \cdots$, $b_1 = 2$, $b_2 = 12$, $b_3 = 62$, $\cdots$
と，2 つの数列 $\{a_n\}$，$\{b_n\}$ の各項が順に求められることが分かったと思う。

では，この①，②の 2 つの対称形の連立漸化式から，2 つの数列 $\{a_n\}$ と
$\{b_n\}$ の一般項 a_n と b_n をどのように求めるのか？ 知りたいところだろうね。
複雑な話かって？ ううん，すごく簡単だよ。

対称形の連立の漸化式であれば，①＋②と，①－②を実行すれば，等比
関数列型の漸化式：$F(n + 1) = r \cdot F(n)$ を 2 つ導くことができるので，後
はアッという間に解いて，一般項を求めることができるんだね。早速やっ
てみよう！

①＋②より，$a_{n+1} + b_{n+1} = \underbrace{3a_n + 2a_n}_{5a_n} + \underbrace{2b_n + 3b_n}_{5b_n}$

> $F(n) = a_n + b_n$ とおくと，n の代わりに $n+1$ を代入したものが，$F(n+1)$ より，$F(n+1) = a_{n+1} + b_{n+1}$ となるんだね。

$$a_{n+1} + b_{n+1} = 5 \cdot (a_n + b_n) \cdots\cdots\cdots ③$$

$$[\ F(n+1) = \underline{5} \cdot F(n)\ ]$$

公比 **5** の等比関数列だね。

①－②より，$a_{n+1} - b_{n+1} = \underbrace{3a_n - 2a_n}_{1 \cdot a_n} + \underbrace{2b_n - 3b_n}_{-1 \cdot b_n}$

> $G(n) = a_n - b_n$ とおくと，n の代わりに $n+1$ を代入したものが，$G(n+1)$ より，$G(n+1) = a_{n+1} - b_{n+1}$ となるんだね。

$$a_{n+1} - b_{n+1} = 1 \cdot (a_n - b_n) \cdots\cdots\cdots ④$$

$$[\ G(n+1) = \underline{1} \cdot G(n)\ ]$$

公比 **1** の等比関数列だね。

以上③，④より，

アッという間！

$$\cdot\ a_n + b_n = (\overset{3}{\boxed{a_1}} + \overset{2}{\boxed{b_1}}) \cdot 5^{n-1} = 5 \cdot 5^{n-1} = 5^n$$

$$[\ F(n) = F(1) \cdot 5^{n-1}\ ]$$

$$\cdot\ a_n - b_n = (\overset{3}{\boxed{a_1}} - \overset{2}{\boxed{b_1}}) \cdot 1^{n-1} = 1 \cdot 1^{n-1} = 1$$

$$[\ G(n) = G(1) \cdot 1^{n-1}\ ]$$

よって，$\begin{cases} a_n + b_n = 5^n & \cdots\cdots\cdots ⑤ \\ a_n - b_n = 1 & \cdots\cdots\cdots ⑥ \end{cases}$　より，一般項 a_n，b_n は

⑤＋⑥より，$2a_n = 5^n + 1$ 　　$\therefore a_n = \dfrac{1}{2}(5^n + 1)$ 　$(n = 1, 2, \cdots)$ 　と求まり，

⑤－⑥より，$2b_n = 5^n - 1$ 　　$\therefore b_n = \dfrac{1}{2}(5^n - 1)$ 　$(n = 1, 2, \cdots)$ 　と求まる

んだね。どう？これも面白かったでしょう？

　以上で，漸化式の解法の講義は終了です。これだけ，マスターしておけば高校の定期試験はまず楽勝のはずだよ。シッカリ，反復練習しておこう！
　では，今日の講義の最終テーマ "**群数列**" について，これから解説しよう。漸化式から離れるけれど，よく出題される問題なので，これもシッカリマスターしよう！

● 群数列にもチャレンジしよう！

では，これから，**群数列**について解説しよう。これについては，初めから例題を利用することにしよう。たとえば，次のような数列：

$$a_1 = \frac{1}{2}, \ a_2 = \frac{1}{3}, \ a_3 = \frac{2}{3}, \ a_4 = \frac{1}{4}, \ a_5 = \frac{2}{4}, \ a_6 = \frac{3}{4}, \ a_7 = \frac{1}{5}, \ a_8 = \frac{2}{5}, \ a_9 = \frac{3}{5}, \ \cdots$$

（$\frac{1}{2}$ と表してもいい。）

が与えられているものとしよう。これは，等差数列でも等比数列でもないけれど，この後，$a_{10} = \frac{4}{5}$，$a_{11} = \frac{1}{6}$，$a_{12} = \frac{2}{6}$，$a_{13} = \frac{3}{6}$，$a_{14} = \frac{4}{6}$，$a_{15} = \frac{5}{6}$，$a_{16} = \frac{1}{7}$，$a_{17} = \frac{2}{7}$，$\cdots$ と続いていくことが，容易にわかるでしょう。これは，分母 $2, 3,$ $4, 5, 6, \cdots$ の値に対応して，次の模式図のように，群（グループ）に分ければ分かりやすいことが分かるはずだ。

図1 群数列（群によりグループ分けできる数列）

a_1	a_2 a_3	a_4 a_5 a_6	a_7 a_8 a_9 a_{10}	a_{11} a_{12} a_{13} a_{14} $\cdots$
$\dfrac{1}{2}$	$\dfrac{1}{3}$ $\dfrac{2}{3}$	$\dfrac{1}{4}$ $\dfrac{2}{4}$ $\dfrac{3}{4}$	$\dfrac{1}{5}$ $\dfrac{2}{5}$ $\dfrac{3}{5}$ $\dfrac{4}{5}$	$\dfrac{1}{6}$ $\dfrac{2}{6}$ $\dfrac{3}{6}$ $\dfrac{4}{6}$ $\cdots$
第1群 (1項)	第2群 (2項)	第3群 (3項)	第4群 (4項)	第5群 (5項)

図1に示すように，第1群には1項，第2群には2項，第3群には3項，$\cdots$ の数列が含まれているので，第 m 群の数列は，$\dfrac{1}{m+1}$，$\dfrac{2}{m+1}$，$\cdots$，$\dfrac{m}{m+1}$ の m 項の数列が含まれていることが分かるんだね。以上より，少し練習しておこう。

(ⅰ) たとえば，$a_8 = \dfrac{2}{5}$ は，第4群の中の2番目の項だけれど，まず，これが第4群に属するための不等式を示そう。a_8 の $\underline{8}$ は，a_8 が属する群より1つ前の群（第3群）までの項数 $\underline{1 + 2 + 3}$ より大きく，a_8 が属する群（第4群）までの項数の和 $\underline{1 + 2 + 3 + 4}$ 以下になる。

よって，不等式 $\underset{⑥}{\underline{1 + 2 + 3}} < \underline{8} \leqq \underset{⑩}{\underline{1 + 2 + 3 + 4}}$ が成り立つ。

これから，a_8 は第 4 群に属することが分かるので，a_8 の分母は，$4+1$ となるんだね。

さらに，a_8 の $\underline{8}$ から，a_8 が属する 1 つ前の群までの項数の和 $\underline{1+2+3}$ を引けば，$\underline{8}-(\underline{1+2+3})=\underline{2}$ となって，a_8 は第 4 群の $\underline{2}$ 番目の数列であることが分かる。以上より，数列 a_8 は，$a_8=\dfrac{2}{4+1}=\dfrac{2}{5}$ であることが分かるんだね。大丈夫だった？

逆に，$a_n=\dfrac{2}{5}$ と与えられたら，$a_{\underline{n}}$ は，第 4 群の $\underline{2}$ 番目の数ということが分かるので，$n=(\underline{1+2+3})+\underline{2}=6+2=\underline{8}$ となって，$a_8=\dfrac{2}{5}$ となるんだね。

> 第 4 群より，1 つ前
> の群までの項数の和

これも大丈夫？

(ii) では次，a_{20} の値がどうなるか調べてみよう。ここで，a_{20} が，第 m 群の l 番目の数であることが分かれば，$a_{20}=\dfrac{l}{m+1}$ となることは大丈夫だね。

ではまず，a_{20} が第 m 群の数列とおくと，a_{20} の $\underline{20}$ は次の不等式をみたす。

$$\underbrace{1+2+3+\cdots+(m-1)}<20\leqq\underbrace{1+2+3+\cdots+(m-1)+m}\quad\text{より，}$$

> $m-1$ 群までの項数の和
> $\displaystyle\sum_{k=1}^{m-1}k=\dfrac{1}{2}(m-1)\cdot(m-1+1)$
> $=\dfrac{1}{2}m(m-1)$

> 第 m 群までの項数の和
> $\displaystyle\sum_{k=1}^{m}k=\dfrac{1}{2}m(m+1)$

$\dfrac{1}{2}m(m-1)<20\leqq\dfrac{1}{2}m(m+1)$　　各辺に 2 をかけて，

$\underbrace{m(m-1)}<40\leqq\underbrace{m(m+1)}$　……①　　この①をみたす m の値は，

> $6\times5=30$

> $6\times7=42$

$m=6$ であることが分かる。よって，$l=20-\dfrac{1}{2}\cdot5\cdot6=5$ となる。

> a_{20} の 20

> 1 つ前の第 5 群までの項数の和

以上より，a_{20} は，第 6 群の 5 番目の項より，

$$a_{20} = \frac{5}{6+1} = \frac{5}{7}$$ であることが分かるんだね。要領はつかめたでしょう？

それでは，次の練習問題で，さらに練習しておこう。

練習問題 14	群数列	CHECK 1	CHECK 2	CHECK 3

次の数列が与えられている。このとき次の各問いに答えよ。

$a_1, \ a_2, \ a_3, \ a_4, \ a_5, \ a_6, \ a_7, \ a_8, \ a_9, \ a_{10}, \ a_{11}, \ a_{12}, \ a_{13}, \ a_{14}, \ \cdots$
$\dfrac{1}{2}, \ \dfrac{1}{3}, \ \dfrac{2}{3}, \ \dfrac{1}{4}, \ \dfrac{2}{4}, \ \dfrac{3}{4}, \ \dfrac{1}{5}, \ \dfrac{2}{5}, \ \dfrac{3}{5}, \ \dfrac{4}{5}, \ \dfrac{1}{6}, \ \dfrac{2}{6}, \ \dfrac{3}{6}, \ \dfrac{4}{6}, \ \cdots$

(1) $a_n = \dfrac{7}{15}$ となる最小の n の値を求めよ。

(2) a_{200} の値を求めよ。

(1) $a_n = \dfrac{7}{15}$ は第 14 群の 7 番目の項なんだね。(2) a_{200} は第 m 群の l 番目の項であるとすると，$1+2+\cdots+(m-1) < 200 \leqq 1+2+\cdots+(m-1)+m$ をみたし，$l = 200 - \sum\limits_{k=1}^{m-1} k$ となるんだね。頑張ろう！

与えられた数列を，次のように群に分けて考える。

a_1	$a_2 \ \ a_3$	$a_4 \ \ a_5 \ \ a_6$	$a_7 \ \ a_8 \ \ a_9 \ \ a_{10}$	$a_{11} \ a_{12} \ a_{13} \ a_{14} \cdots$
$\dfrac{1}{2}$	$\dfrac{1}{3} \ \ \dfrac{2}{3}$	$\dfrac{1}{4} \ \ \dfrac{2}{4} \ \ \dfrac{3}{4}$	$\dfrac{1}{5} \ \ \dfrac{2}{5} \ \ \dfrac{3}{5} \ \ \dfrac{4}{5}$	$\dfrac{1}{6} \ \ \dfrac{2}{6} \ \ \dfrac{3}{6} \ \ \dfrac{4}{6} \ \cdots$
第 1 群 (1項)	第 2 群 (2項)	第 3 群 (3項)	第 4 群 (4項)	第 5 群 (5項)

(1) $a_n = \dfrac{7}{15}$ は，第 14 群の 7 番目の数より，求める a_n の n の最小値は，

$n = \underbrace{1+2+3+\cdots+13}_{} + \underbrace{7}_{} = 91 + 7 = 98$ である。

第1群から第13群までの項数の和
$\sum_{k=1}^{13} k = \frac{1}{2} \cdot 13 \cdot 14 = 13 \times 7 = 91$

第14群の7番目
の項

> この群数列では，$a_n = \dfrac{7}{15}$ と同じ値をとるものとして，$\dfrac{14}{30}$, $\dfrac{21}{45}$, $\cdots$, $\dfrac{70}{150}$, $\cdots$ など
> 無数に存在する。よって，これらの内で初めて $\dfrac{7}{15}$ となる最初の n の値（n の最小値）
> を求める問題になっているんだね。納得いった？

(2) a_{200} が，第 m 群の l 番目の数とすると，次の不等式が成り立つ。

$$\underbrace{1+2+\cdots+(m-1)}_{} < 200 \leqq \underbrace{1+2+\cdots+(m-1)+m}_{} \text{ より，}$$

第1群から第 $m-1$ 群までの
項数の和
$\sum_{k=1}^{m-1} k = \frac{1}{2} m \cdot (m-1)$

第1群から第 m 群までの
項数の和
$\sum_{k=1}^{m} k = \frac{1}{2} m(m+1)$

$\dfrac{1}{2} m(m-1) < 200 \leqq \dfrac{1}{2} m(m+1)$ となる。各辺に 2 をかけて，

$\underbrace{m \cdot (m-1)}_{} < 400 \leqq \underbrace{m \cdot (m+1)}_{}$ ……① となる。

$\boxed{20 \times 19 = 380}$ $\boxed{20 \times 21 = 420}$

よって，この①をみたす自然数 m は，$m = 20$ である。よって，

$$l = 200 - \underbrace{\frac{1}{2} \cdot 20 \cdot 19}_{} = 200 - 190 = 10$$

$\boxed{\frac{1}{2} m(m-1) \text{（第1群から第 } m-1 \text{ 群までの項数の和）}}$

よって，求める a_{200} の値は，

$$a_{200} = \frac{l}{m+1} = \frac{10}{20+1} = \frac{10}{21} \text{ となって，答えだ！大丈夫だった？}$$

以上で，今日の講義は終了です！みんな，よく頑張ったね。次回は数列の
最終講義だよ。では次回も，みんな元気で会おう…。

5th day　数学的帰納法

おはよう！ みんな，今日も元気そうで何よりだね。これまで数列について，いろんなことを学習してきたけれど，今日の講義で数列も最終回となる。最後を飾るテーマは"**数学的帰納法**"だ。これは"**自然数 n の入った等式や文章の命題**"などを証明するのに，必要不可欠なツール（道具）なんだよ。またその考え方も，"**ドミノ倒し理論**"で明快に分かるから，聞いていて面白いはずだよ。では，講義を始めよう！

● 数学的帰納法はドミノ倒しで考えよう!?

数列を勉強していると

　・ $1^2 + 2^2 + 3^2 + \cdots + n^2 = \dfrac{1}{6} n(n+1)(2n+1)$　　$(n = 1, 2, 3, \cdots)$

　・ **すべての自然数 n に対して，$2^{3n} - 3^n$ は 5 の倍数である。**

などなど，自然数 $n = 1, 2, 3, \cdots$ に対して成り立つ等式や文章の命題などに直面することになる。これらを公式や定理と思うと何も疑わないかも知れないけれど，いざ，これを自分で証明しようとすると，$n = 1$ のとき成り立つ，$n = 2$ のとき成り立つ，… となるんだろうね。エッ，そんなことをやってたらシワシワのお婆ちゃんになってしまうって？ そうだね。でも，シワシワのお婆ちゃんになってもまだ，… $n = 2758491$ のとき成り立つ，…なんてことになるんだろうね。こんな，超ツラ～イ状況からボク達を救ってくれるのが，"**数学的帰納法**"と呼ばれる証明法なんだよ。

名前は複雑だけど，考え方はきわめて明快だ。"**ドミノ倒し**"の考え方そのものなんだよ。ここで，"**ある n の式（または命題）**"に対して，"$n = 1$ のとき成り立つ，$n = 2$ のとき成り立つ，…"ということを，"1 番目のドミノが倒れる，2 番目のドミノが倒れる，…"

図1　ドミノ倒し

という言葉で置き換えることにしよう。

すると，すべての自然数 $n = 1, 2, 3, \cdots$ で成り立つということは図1に示すように，1列に無限に並んだドミノを1番目から順番にすべて倒すことに対応するってことなんだね。

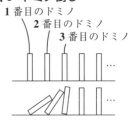

1番目のドミノ
2番目のドミノ
3番目のドミノ
…
…

そのための理論として，次の**2**つのステップを示せばいいんだよ。

図2　ドミノ倒しの理論

（ⅰ）1番目のドミノを倒す。

ドミノ倒しの理論

（ⅰ）まず，**1**番目のドミノを倒す。

（ⅱ）次に，**k**番目のドミノが倒れるとしたら，**k+1**番目のドミノが倒れる。

（ⅱ）k番目のドミノが倒れるとしたら，k+1番目のドミノが倒れる。

k番目　k+1番目

$$\left(\begin{array}{l} \text{この }k\text{ は，} 1, 2, 3, \cdots \\ \text{のなんでもいい。} \end{array} \right)$$

ン？　よく分からんって？　いいよ。このたった**2**つのステップで，無限に**1**列に並んだドミノをすべて倒せることを示そう。

（ⅰ）まず，**1**番目のドミノ，これは本当に倒す。

（ⅱ）次，ズラ〜っと無限に並んだドミノの内，どこでもいいんだけど，連続する**2**つのドミノを選び，それぞれ**k**番目と**k+1**番目のドミノとする。そして，**k**番目のドミノが倒れるとしたら，**k+1**番目のドミノも倒れることを示せばいい。

すると，**k**と**k+1**番目のドミノは，ズラ〜っと並んだドミノのどれでもいいので，

・まず，**k=1**，**k+1=2**とおくと，（ⅰ）で，**k=1**番目のドミノは本当に倒すので，間違いなく倒れる。次（ⅱ）で，**k=1**番目のドミノが倒れるんだったら，当然**k+1=2**番目のドミノも倒れる。

・次，**k=2**，**k+1=3**とおくと，（ⅱ）で，**k=2**番目のドミノが倒れるんだったら，**k+1=3**番目のドミノも倒れる。

・さらに，**k=3**，**k+1=4**とおくと，（ⅱ）で，**k=3**番目のドミノが倒れるんだったら，**k+1=4**番目のドミノも倒れる。

………………………………

どう？　この要領で次々と，**1**列に並んだドミノが倒れていくことが分かっただろう。

この"ドミノ倒しの理論"から"数学的帰納法"の話に戻ろう。"ある**n**の式（命題）"が，すべての自然数**n=1, 2, 3,** …で成り立つことを示したかったら，次の**2**つのステップが言えればいいんだね。

数学的帰納法の考え方

"n の式 (命題)"　　($n = 1, 2, 3, \cdots$) $\cdots$ ($*$)

(ⅰ) $n = 1$ のとき，($*$) は成り立つ。

(ⅱ) $n = k$ のとき ($*$) が成り立つと仮定すると，

　　　$n = k + 1$ のときも成り立つ。

> (ⅰ) 1 番目のドミノを
> 倒すことと同じだね。

> (ⅱ) k 番目のドミノが倒
> れるとしたら，$k + 1$
> 番目のドミノも倒れ
> ることと同じだね。

これで，"n の式 (命題)"がすべての自然数 $n = 1, 2, 3, \cdots$ で成り立つことを示すのに必要なものが，すべてそろっているのが分かるね。

ドミノ倒し理論の中の"k 番目のドミノが倒れるとしたら，$\cdots$"の部分が，数学的帰納法の中では"$n = k$ のとき ($*$) が成り立つと仮定すると，$\cdots$"になっているだけで，本質的には同様のことを言っているのが分かるね。

さらに，数学的帰納法の答案の書き方を踏まえて，その書式を次に示そう。数学的帰納法ってキレイな形式にまとめて示すことができるんだよ。

数学的帰納法による証明法

　(n の命題)　　($n = 1, 2, 3, \cdots$) $\cdots$ ($*$)

が成り立つことを数学的帰納法により示す。

(ⅰ) $n = 1$ のとき，$\cdots\cdots$　　$\therefore$　成り立つ。

(ⅱ) $n = k$　($k = 1, 2, 3, \cdots$) のとき ($*$) が

　　　成り立つと仮定して，$n = k + 1$ のとき

　　　について調べる。

　　$\cdots\cdots\cdots\cdots\cdots\cdots\cdots\cdots\cdots\cdots\cdots\cdots\cdots\cdots\cdots\cdots\cdots\cdots$

　　　$\therefore$　$n = k + 1$ のときも成り立つ。

以上 (ⅰ)(ⅱ) より，任意の自然数 n に対して ($*$) は成り立つ。

> これは (ⅰ) 1 番目のドミ
> ノを倒すことと同じだね。

> これは (ⅱ) k 番目のド
> ミノが倒れるとしたら，
> $k + 1$ 番目のドミノも倒
> れることと同じだね。

ン？　実際に，数学的帰納法を使ってみたいって？　いいよ。これからいっぱい練習しよう。

(a) $1 + 2 + 3 + \cdots + n = \dfrac{1}{2} n (n + 1)$ $\cdots\cdots$ ($*1$) ($n = 1, 2, 3, \cdots$)

　　　が成り立つことを，数学的帰納法を使って証明しよう。

68

これは"等差数列の和の公式"でもあれば，$\sum\limits_{k=1}^{n} k = \dfrac{1}{2}n(n+1)$ の"Σ 計算の公式"でもあるので，これが正しいことはみんな知っていると思う。でもこれが本当に成り立つことを，数学的帰納法によってキッチリ調べていこう。

ここで，まず，($*$ 1) の左辺 $= 1 + 2 + 3 + \cdots + n$ について，$n = 3$，2，1の場合を具体的に示すよ。

$n = 3$ のとき，$1 + 2 + 3$ ← 1 から 3 までの和

$n = 2$ のとき，$1 + 2$ ← 1 から 2 までの和

$n = 1$ のとき，1 ← 1 から 1 までの和というのは，結局，1 だけなんだね。

準備が整ったので，数学的帰納法により，($*$ 1) を証明してみよう。

$$1 + 2 + 3 + \cdots + n = \dfrac{1}{2}n(n+1) \cdots (*1) \ (n = 1, 2, 3, \cdots)$$

が成り立つことを，数学的帰納法により示す。

(i) $n = 1$ のとき，

  ($*$ 1) の左辺 $= 1$，($*$ 1) の右辺 $= \dfrac{1}{2} \cdot 1 \cdot (1 + 1) = 1$ ← n に 1 を代入

  1 から 1 までの和

  $\therefore$ 成り立つ。 ← これで，(i) 1 番目のドミノを倒した！

(ii) $n = k$ $(k = 1, 2, 3, \cdots)$ のとき

  $$1 + 2 + 3 + \cdots + k = \dfrac{1}{2}k(k+1) \cdots ①$$ ← (ii) "k 番目のドミノが倒れるとしたら"の部分

  が成り立つと仮定して，$n = k + 1$ のときについて調べる。

参考

ここで，$n = k + 1$ のときの ($*$ 1) の式は，

$$1 + 2 + 3 + \cdots + k + (k + 1) = \dfrac{1}{2}(k + 1)(k + 1 + 1) \ となる。$$

  1 から $k+1$ までの和 n に $k+1$ を代入したもの

これが成り立つことを，仮定した①の式を使って示すんだよ。

$n = k + 1$ のとき,

$(*1)$ の左辺 $= \underline{1 + 2 + 3 + \cdots + k} + (k + 1)$

$$\boxed{\frac{1}{2}k(k+1) \ (\text{①より})} \longleftarrow$$

①は仮定した式なので,
$n = k + 1$ のときの証明
に使える!

$$= \frac{1}{2}k(k+1) + \underline{\underline{(k + 1)}} \ (\text{①より})$$

$$\boxed{\frac{1}{2}(k+1) \cdot 2}$$

$$= \frac{1}{2}(k + 1) \cdot (k + 2) \longleftarrow \boxed{\frac{1}{2}(k+1) \ \text{をくくり出した。}}$$

$$= \frac{1}{2}(k + 1)(k + 1 + 1) = (*1) \ \text{の右辺}$$

$\therefore n = k + 1$ のときも, $(*1)$ は成り立つ。$\longleftarrow$ これで, (ⅱ)$k+1$番目のドミノも倒した!

以上 (ⅰ)(ⅱ) より, すべての自然数 n に対して $(*1)$ は成り立つ。

　これで, 数学的帰納法による証明ができたんだね。ン? でも, まだ納得がいかない顔をしているね。エッ, $n = k$ のとき成り立つと仮定したんだから当然 $n = k + 1$ のときも成り立つんじゃないかって? 初めに誰もが疑問に思うところだね。いいよ。これについても, 1つ例を示しておこう。

参考

たとえば,

$$1 + 2 + 3 + \cdots + n = n^2 \ \cdots(*) \ (n = 1, 2, 3, \cdots)$$

みたいな, メチャクチャな間違った式の場合, 数学的帰納法で示そうとしてもうまくいかないことが分かると思うよ。

(ⅰ) $n = 1$ のとき, $(*)$ の左辺 $= 1$, 右辺 $= 1^2 = 1$

　　　$\therefore$ 成り立つ。ここまではいいね。次,

(ⅱ) $n = k \ (k = 1, 2, 3, \cdots)$ のとき

　　　$\underline{1 + 2 + 3 + \cdots + k} = \underline{k^2} \ \cdots\cdots$①

　　　が成り立つと仮定して, $n = k + 1$ のときについて調べるよ。

　　　$\boxed{\text{当然 } n = k + 1 \text{ のとき, } (*) \text{ は,} \\ 1 + 2 + 3 + \cdots + k + (k + 1) = (k + 1)^2 \text{ とならなければならないね。}}$

$$(\ast) \text{ の左辺} = \underbrace{1+2+3+\cdots+k}+(k+1)$$
$$= k^2 + (k+1) \quad (\text{①より}) \qquad \boxed{k^2+2k+1}$$
$$= k^2 + k + 1 \quad \text{となって}, n = k+1 \text{のときの右辺} \underbrace{(k+1)^2}$$

には決してならないね。つまり，$n = k+1$ のときは成り立たない！
どう？ これで納得いった？ 間違った "n の式" の場合，たとえ n
$= k$ のときに成り立つと仮定しても，$n = k+1$ のときに成り立つこ
とは示せない。

これで，数学的帰納法が "n の式 (命題)" が正しいか，間違ってい
るかをキチンと検出できる証明法だってことが分かったと思う。

では，次の練習問題で，さらに練習しておこう。

練習問題 **15**	数学的帰納法 (Ⅰ)	CHECK **1**	CHECK **2**	CHECK **3**

すべての自然数 n に対して

$$1^2 + 2^2 + 3^2 + \cdots + n^2 = \frac{1}{6} n(n+1)(2n+1) \quad \cdots(\ast 2)$$

が成り立つことを，数学的帰納法を使って証明せよ。

Σ 計算の重要公式の 1 つで，この証明は **P29** でやってるけれど，これを今度は数学
的帰納法を使って証明してみよう！

$$1^2 + 2^2 + 3^2 + \cdots + n^2 = \frac{1}{6} n(n+1)(2n+1) \quad \cdots(\ast 2) \quad (n = 1, 2, 3, \cdots)$$

が成り立つことを，数学的帰納法により示す。

(ⅰ) $n = 1$ のとき，

$$(\ast 2) \text{ の左辺} = \underline{1^2} = 1 \qquad (\ast 2) \text{ の右辺} = \frac{1}{6} \cdot 1 \cdot (1+1) \cdot (2 \cdot 1 + 1) = 1$$

$\boxed{1^2 \text{ から } 1^2 \text{ までの和は } 1^2 \text{ だけだね。}}$ $\boxed{n \text{ に } 1 \text{ を代入したもの}}$

$\therefore$ 成り立つ。 ← $\boxed{\text{これで，(ⅰ) 1 番目のドミノを倒した！}}$

(ⅱ) $n = k$ ($k = 1, 2, 3, \cdots$) のとき $\boxed{\begin{array}{l}(\text{ⅱ}) \text{ "}k\text{ 番目のドミノ} \\ \text{が倒れるとしたら"} \\ \text{の部分}\end{array}}$

$$\underbrace{1^2 + 2^2 + 3^2 + \cdots + k^2} = \underbrace{\frac{1}{6} k \cdot (k+1) \cdot (2k+1)} \quad \cdots①$$

が成り立つと仮定して，$n = k+1$ のときについて調べる。

ここで，$n = k + 1$ のときの（$*2$）の式は，

$$1^2 + 2^2 + 3^2 + \cdots + k^2 + (k+1)^2 = \frac{1}{6}(k+1)(k+1+1)\{2(k+1)+1\}$$ となる。

↑ 1^2 から $(k+1)^2$ までの和   ↑ n に $k+1$ を代入したもの

これが成り立つことを，仮定した①の式を使って示せばいいんだね。

$n = k + 1$ のとき，

（$*2$）の左辺 $= \underbrace{1^2 + 2^2 + 3^2 + \cdots + k^2} + (k+1)^2$

$\boxed{\dfrac{1}{6}k(k+1)(2k+1) \quad（①より）}$ ← ①は仮定した式なので，$n = k + 1$ のときの証明に使える！

$= \dfrac{1}{6}\underbrace{k(k+1)}(2k+1) + \underbrace{(k+1)^2} \quad（①より）$

$\boxed{\dfrac{1}{6}(k+1) \cdot 6(k+1)}$

$= \dfrac{1}{6}(k+1)\{k(2k+1) + 6(k+1)\}$ ← $\dfrac{1}{6}(k+1)$ をくくり出した。

$\boxed{\begin{array}{l} 2k^2 + 7k + 6 = (k+2)(2k+3) \\ 1 \quad\quad 2 \\ 2 \quad\times\quad 3 \end{array}}$

$= \dfrac{1}{6}(k+1)(k+2)(2k+3)$

$= \dfrac{1}{6}(k+1)(k+1+1) \cdot \{2(k+1)+1\} = （*2）$ の右辺

$\therefore n = k + 1$ のときも，（$*2$）は成り立つ。 ← これで，（ⅱ）$k+1$ 番目のドミノも倒した！

以上（ⅰ）（ⅱ）より，すべての自然数 n に対して（$*2$）は成り立つ。

どう？ 数学的帰納法でもキレイに証明できただろう？

それでは次，まだ証明してなかった計算の公式：

$$\sum_{k=1}^{n} k^3 = \frac{1}{4}n^2(n+1)^2 \quad \cdots（*3）\quad (n = 1, 2, 3, \cdots)$$ が成り立つことも，数学的帰納法により示しておこう。

練習問題 16	数学的帰納法（Ⅱ）	CHECK 1	CHECK 2	CHECK 3

すべての自然数 n に対して，

$$1^3 + 2^3 + 3^3 + \cdots + n^3 = \frac{1}{4}n^2(n+1)^2 \cdots(*3)$$

が成り立つことを，数学的帰納法を使って証明せよ。

これも，数学的帰納法の手順「（ⅰ）$n = 1$ のとき成り立つ。（ⅱ）$n = k$ のとき成り立つと仮定して，$n = k+1$ のときも成り立つ」を使って証明すればいいね。

$$1^3 + 2^3 + 3^3 + \cdots + n^3 = \frac{1}{4}n^2(n+1)^2 \cdots(*3) \quad (n = 1, 2, 3, \cdots)$$

（ⅰ）$n = 1$ のとき，

$(*3)$ の左辺 $= 1^3 = 1$ $(*3)$ の右辺 $= \frac{1}{4} \cdot 1^2 \cdot (1+1)^2 = \frac{4}{4} = 1$

$\boxed{1^3 \text{から} 1^3 \text{までの和は} 1^3 \text{だけだね。}}$ $\boxed{n \text{に} 1 \text{を代入したもの}}$

∴ 成り立つ。 ← $\boxed{\text{これで，（ⅰ）1番目のドミノを倒した}}$

（ⅱ）$n = k$ $(k = 1, 2, 3, \cdots)$ のとき $\boxed{\begin{array}{l}\text{（ⅱ）``}k\text{番目のドミノ}\\ \text{が倒れるとしたら''}\\ \text{の部分}\end{array}}$

$$1^3 + 2^3 + 3^3 + \cdots + k^3 = \frac{1}{4}k^2(k+1)^2 \quad \cdots\cdots①$$

が成り立つと仮定して，$n = k+1$ のときについて調べる。

参考

ここで，$n = k+1$ のときの $(*3)$ の式は，

$$1^3 + 2^3 + 3^3 + \cdots + k^3 + (k+1)^3 = \frac{1}{4}(k+1)^2(k+1+1)^2 \text{ となる。}$$

$\boxed{1^3 \text{から} (k+1)^3 \text{までの和}}$ $\boxed{n \text{に} k+1 \text{を代入したもの}}$

これが成り立つことを，仮定した①の式を使って示せばいいんだね。

サァ，後もう一息だ！頑張ろう！！

$n = k + 1$ のとき，

$(* 3)$ の左辺 $= 1^3 + 2^3 + 3^3 + \cdots + k^3 + (k+1)^3$

> ①は仮定した式なので，$n = k + 1$ のときの証明に使える！

$\underbrace{\frac{1}{4}k^2 \cdot (k+1)^2}$（①より）

$= \frac{1}{4}k^2(k+1)^2 + (k+1)^3$ （①より）

$\underbrace{\frac{1}{4}(k+1)^2 \cdot 4(k+1)}$

$= \frac{1}{4}(k+1)^2 \{k^2 + 4(k+1)\}$

> $\frac{1}{4}(k+1)^2$ をくくり出した！

$\underbrace{k^2 + 4k + 4 = (k+2)^2}$

$= \frac{1}{4}(k+1)^2(k+2)^2$

$= \frac{1}{4}(k+1)^2(k+1+1)^2 = (* 3)$ の右辺

> これで，(ⅱ) $k+1$ 番目のドミノも倒した！バンザーイ！！

$\therefore n = k + 1$ のときも，$(* 3)$ は成り立つ。

以上 (ⅰ)(ⅱ) より，すべての自然数 n に対して $(* 3)$ は成り立つ。

どう？数学的帰納法を使えば，Σ 計算の重要公式もアッサリ証明できることが分かっただろう。

ン？数学的帰納法による証明は分かったけれど，どのようにして，公式：$\sum_{k=1}^{n} k = \frac{1}{2}n(n+1)$ や $\sum_{k=1}^{n} k^3 = \frac{1}{4}n^2(n+1)^2$ が導き出されるのかを知りたいって!? 向学心旺盛だね。今のキミなら理解できるだろうから，これらの公式も参考として導いてみせてあげよう。

参考

(Ⅰ) $\sum_{k=1}^{n} k = \frac{1}{2}n(n+1)$ ……$(* 1)$ の導出について，まず次の Σ 計算 $\sum_{k=1}^{n} \{(k+1)^2 - k^2\}$ ……① を考えてみよう。

(i) ①を実際に計算してみると、

$$\sum_{k=1}^{n}\{(k+1)^2 - k^2\} = \sum_{k=1}^{n}(2k+1) = 2\sum_{k=1}^{n}k + \sum_{k=1}^{n}1$$

$$\boxed{k^2 + 2k + 1 - k^2 = 2k+1}$$ $$\boxed{1+1+\cdots+1 = n\cdot 1 = n}$$

$$= 2\sum_{k=1}^{n}k + n \quad \cdots\cdots ① ' \text{ となる。}$$

(ii) 次に、①について、$I_k = k^2$, $I_{k+1} = (k+1)^2$ とおくと、

$$\sum_{k=1}^{n}\{(k+1)^2 - k^2\} = \sum_{k=1}^{n}(I_{k+1} - I_k) = -\sum_{k=1}^{n}(I_k - I_{k+1})$$

$$\boxed{(I_1 - I_2) + (I_2 - I_3) + (I_3 - I_4) + \cdots + (I_n - I_{n+1})}$$

$$= -(I_1 - I_{n+1}) = I_{n+1} - I_1 = (n+1)^2 - 1^2 = n^2 + 2n \quad \cdots\cdots ① ''$$

$$\boxed{n^2 + 2n + 1 - 1 = n^2 + 2n}$$

が導ける。

ここで、① ' と① '' は等しいので、

$$2\sum_{k=1}^{n}k + n = n^2 + 2n \text{ より、 } 2\sum_{k=1}^{n}k = n^2 + n = n(n+1)$$

$$\therefore \text{公式：} \sum_{k=1}^{n}k = \frac{1}{2}n(n+1) \cdots (*1) \text{ が導けるんだね。大丈夫だった？}$$

(II) $\displaystyle\sum_{k=1}^{n}k^3 = \frac{1}{4}n^2(n+1)^2 \quad \cdots\cdots (*3)$

の導出についても、

ここで、
$$\sum_{k=1}^{n}k = \frac{1}{2}n(n+1)\cdots\cdots\cdots(*1) \text{ と}$$
$$\sum_{k=1}^{n}k^2 = \frac{1}{6}n(n+1)(2n+1)\cdots(*2)$$
は既知とする。
((*2) の証明は P29 を参照)

$$\sum_{k=1}^{n}\{\underbrace{(k+1)^4}_{J_{k+1}} - \underbrace{k^4}_{J_k}\} \cdots ② \text{ を考える。}$$

これを 2 通りで計算してみると、

(i) $\displaystyle\sum_{k=1}^{n}\{(k+1)^4 - k^4\}$

$$\boxed{k^4 + 4k^3 + 6k^2 + 4k + 1 - k^4 = 4k^3 + 6k^2 + 4k + 1}$$

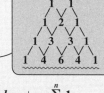

パスカルの三角形

$$= 4\sum_{k=1}^{n}k^3 + 6\sum_{k=1}^{n}k^2 + 4\sum_{k=1}^{n}k + \sum_{k=1}^{n}1$$

$$\boxed{\frac{1}{6}n(n+1)(2n+1) \text{ ((*2) より)}} \quad \boxed{\frac{1}{2}n(n+1) \text{ ((*1) より)}} \quad \boxed{n}$$

$$= 4\sum_{k=1}^{n}k^3 + n(n+1)(2n+1) + 2n(n+1) + n$$

$$\boxed{n(2n^2 + 3n + 1) + 2n^2 + 2n + n = 2n^3 + 5n^2 + 4n}$$

$\therefore \displaystyle\sum_{k=1}^{n}\{(k+1)^4 - k^4\} = 4\sum_{k=1}^{n} k^3 + 2n^3 + 5n^2 + 4n \cdots$ ②´が導けるんだね。

(ⅱ) 次に，$J_k = k^4$，$J_{k+1} = (k+1)^4$ とおいて②を計算すると，

$\displaystyle\sum_{k=1}^{n}\{(k+1)^4 - k^4\} = \sum_{k=1}^{n}(J_{k+1} - J_k) = -\sum_{k=1}^{n}(J_k - J_{k+1})$

$= -\{(J_1 - \cancel{J_2}) + (\cancel{J_2} - \cancel{J_3}) + (\cancel{J_3} - \cancel{J_4}) + \cdots + (\cancel{J_n} - J_{n+1})\}$

$= -(J_1 - J_{n+1}) = J_{n+1} - J_1 = \underbrace{(n+1)^4}_{\underset{n^4 + 4n^3 + 6n^2 + 4n + \cancel{1}}{\parallel}} - \cancel{1}$

$= n^4 + 4n^3 + 6n^2 + 4n$ ……②´´ となる。

以上 (ⅰ)(ⅱ) より，②´と②´´は等しいので，

$4\displaystyle\sum_{k=1}^{n} k^3 + 2n^3 + 5n^2 + \cancel{4n} = n^4 + 4n^3 + 6n^2 + \cancel{4n}$

$4\displaystyle\sum_{k=1}^{n} k^3 = n^4 + 4n^3 + 6n^2 - 2n^3 - 5n^2$

$\qquad = n^4 + 2n^3 + n^2 = n^2(n^2 + 2n + 1) = n^2(n+1)^2$ となる。

よって，$4\displaystyle\sum_{k=1}^{n} k^3 = n^2(n+1)^2$ より，

$\therefore$ 公式：$\displaystyle\sum_{k=1}^{n} k^3 = \frac{1}{4}n^2(n+1)^2 \cdots$ (＊3) も導けるんだね。面白かった？

それでは，数学的帰納法に話を戻して，もう1題，問題を解いておこう。

練習問題 17	数学的帰納法 (Ⅲ)	CHECK *1*	CHECK*2*	CHECK*3*

すべての自然数 n に対して，「$2^{3n} - 3^n$ は 5 の倍数である。 …(＊4)」
が成り立つことを，数学的帰納法を使って証明せよ。

たしかに，$n = 1$ のとき $2^3 - 3^1 = 8 - 3 = 5$，$n = 2$ のとき $2^6 - 3^2 = 64 - 9 = 55$ と
なって，5 の倍数なのは分かるね。でも，$n = 3$，4，5，6，… のすべての自然数 n
に対して $2^{3n} - 3^n$ が 5 の倍数であることを示すには，数学的帰納法しかないんだね。
少し難しいかも知れないけど，これでさらに理解が深まるよ。

命題 “$2^{3n}-3^n$ は 5 の倍数である $\cdots(*4)$ $(n=1, 2, 3, \cdots)$”
が成り立つことを数学的帰納法により示す。

(ⅰ) $n=1$ のとき $2^{3\cdot1}-3^1=2^3-3=8-3=5$ ∴成り立つ。

(ⅱ) $n=k$ $(k=1,2,3,\cdots)$ のとき,

$$2^{3k}-3^k=\underline{5m} \cdots\cdots① \ (m：整数)$$

$5\times(整数)$で, $2^{3k}-3^k$ が 5 の倍数であることを言っている。

すなわち, $\underline{2^{3k}}=\underline{5m+3^k} \cdots①'$ ← ①を後で使いやすい形にした！

が成り立つと仮定して, $n=k+1$ のときについて調べる。

$n=k+1$ のとき,

$$2^{3(k+1)}-3^{k+1}=2^{3k+3}-3^{k+1}=\boxed{2^3}\cdot2^{3k}-\boxed{3^1}\cdot3^k$$

n に $k+1$ を代入したもの ・ 8 ・ 3

$$=8\cdot2^{3k}-3\cdot3^k$$

$5m+3^k$（①' より）

$n=k+1$ のとき, $2^{3(k+1)}-3^{k+1}$ が 5 の倍数であることを示すために, ①, すなわち①' を使った。

$$=8(5m+3^k)-3\cdot3^k=\underline{5\cdot8m}+\underline{(8-3)\cdot3^k}$$

$$=\underline{5(8m+3^k)}=5\times(整数) ← 5 の倍数ってこと！$$

整数 m に 8 をかけても整数, 3 を k 回かけたものも整数だね。
∴ $8m+3^k=(整数)+(整数)=(整数)$ となる。

∴ $n=k+1$ のときも, $(*4)$ は成り立つ。

以上(ⅰ)(ⅱ)より, すべての自然数 n に対して $(*4)$ は成り立つ。

　どう？　数学的帰納法も慣れてくると, 様々な問題の証明ができて面白いでしょう？

　では, 数列の講義の最後の問題として, 数列の漸化式と数学的帰納法の融合問題にチャレンジしてみよう。ン？難しそうだって!? でも, これで解ける問題の幅がさらに広がるわけだから, 楽しみながら解いてみよう！

数列 $\{a_n\}$ が，次のように定義されている。

$$a_1 = 1, \quad a_{n+1} = \frac{n^2}{a_n} + 1 \cdots\cdots ① \quad (n = 1, 2, 3, \cdots)$$

(1) a_2, a_3, a_4 を求めて，一般項 a_n $(n = 1, 2, 3, \cdots)$ を推定せよ。

(2) (1) の一般項 a_n の推定式が，すべての自然数 n について成り立つことを数学的帰納法により証明せよ。

(1) ①の漸化式から，一般項 a_n を直接求めることは難しい。でも，①に $n = 1, 2, 3$ を順に代入すると，$a_2 = 2, a_3 = 3, a_4 = 4$ となるので，一般項 a_n は $a_n = n$ と推定できるんだね。ただし，これは，$n = 1, 2, 3, 4$ の結果からの，あくまでも推定式なので，これが本当の一般項 $a_n = n$ $(n - 1, 2, 3, \cdots)$ と言えるためには，(2) で，これを数学的帰納法によって，証明しないといけないんだね。頑張ろう！

(1) $a_1 = 1, \quad a_{n+1} = \frac{n^2}{a_n} + 1 \cdots\cdots ① \quad (n = 1, 2, 3, \cdots)$ について，

・①に $n = 1$ を代入すると，

$$a_2 = \frac{1^2}{a_1} + 1 = \frac{1^2}{1} + 1 = 1 + 1 = 2 \quad \cdots\cdots ② \text{ となる。}$$

・①に $n = 2$ を代入すると，

$$a_3 = \frac{2^2}{a_2} + 1 = \frac{2^2}{2} + 1 = 2 + 1 = 3 \quad \cdots\cdots ③ \text{ となる。}$$

2（②より）

・①に $n = 3$ を代入すると，

$$a_4 = \frac{3^2}{a_3} + 1 = \frac{3^2}{3} + 1 = 3 + 1 = 4 \cdots\cdots ④ \text{ となる。}$$

3（③より）

以上より，$a_1 = 1, a_2 = 2, a_3 = 3, a_4 = 4,$ となることが分かったので，数列 $\{a_n\}$ の一般項 a_n は，

$a_n = n \cdots\cdots (*)$ $(n = 1, 2, 3, \cdots)$ と推定できるんだね。

(2) すべての自然数 n に対して，

$a_n = n$ ……（$*$）

が成り立つことを数学的帰納法
により証明しよう。

（ i ）$n = 1$ のとき，（$*$）は

$a_1 = \underline{1}$ となって，成り立つ。

これは，初項

（ ii ）$n = k$　（$k = 1, 2, 3, \cdots$）のとき，

$a_k = k$ ……⑤が成り立つと仮定して，$\underline{n = k+1}$ のときを調べる。

> $n = k+1$ のとき，$a_{k+1} = k+1$ が成り立つことを示せばいいんだね。
> この際に利用するのは，①の漸化式で，①の n に k を代入して，変形して，
> $a_{k+1} = k+1$ となること，すなわち（$*$）が成り立つことを示そう！

①の n に k を代入すると，

$a_{k+1} = \dfrac{k^2}{\underset{a_k}{\boxed{}}} + 1$ ……①′　となる。 ← ①の漸化式を利用する。

k（⑤より）

成り立つと仮定した
⑤式も利用できる！

この①′に，$a_k = k$ ……⑤を代入すると，

$a_{k+1} = \dfrac{k^2}{k} + 1 = k+1$ となって，$\underline{n = k+1 \text{ のときも}}$（$*$）は成り立つ。

$n = k+1$ のときの（$*$）の式は，$a_{k+1} = k+1$ だからね。

> **数学的帰納法**
> （ i ）（$*$）が $n = 1$ のとき，
> 　　　$a_1 = 1$ となって成り立つ。
> （ ii ）（$*$）が，$n = k$（$k = 1, 2, 3, \cdots$）
> 　　　のとき成り立つと仮定して，
> 　　　$n = k+1$ のときも成り立つ
> 　　　ことを示す。

以上（ i ）（ ii ）により，数学的帰納法により，すべての自然数 n に対して，
（$*$）は成り立つことが示された。つまり，一般項 a_n は，
$a_n = n$ ……（$*$）　（$n = 1, 2, 3, \cdots$）となることが証明できたんだね。

　大変だったけれど，これで数学的帰納法もよく分かっただろう？　後は，
自分で納得がいくまで読み返して，そして今度は解答を見ずに自力で解い
てみることだね。さらに，よく理解できるはずだ。

　それでは次回から，また新たなテーマ "**確率分布と統計的推測**" に入ろう。
また分かりやすく教えるから，キミ達も頑張ってついてきてくれ。それ
じゃ次回まで，さようなら…。

第1章● 数列　公式エッセンス

1. 等差数列 (a：初項, d：公差)

[項数] [初項] [末項]

(i) 一般項 $a_n = a + (n-1)d$　　(ii) 数列の和 $S_n = \dfrac{n(a_1 + a_n)}{2}$

2. 等比数列 (a：初項, r：公比)

(i) 一般項 $a_n = a \cdot r^{n-1}$　　(ii) 数列の和 $S_n = \begin{cases} \dfrac{a(1-r^n)}{1-r} & (r \neq 1) \\ na & (r = 1) \end{cases}$

3. Σ 計算の 6 つの公式

(1) $\displaystyle\sum_{k=1}^{n} k = \dfrac{1}{2} n(n+1)$　　　　(2) $\displaystyle\sum_{k=1}^{n} k^2 = \dfrac{1}{6} n(n+1)(2n+1)$

(3) $\displaystyle\sum_{k=1}^{n} k^3 = \dfrac{1}{4} n^2 (n+1)^2$　　　　(4) $\displaystyle\sum_{k=1}^{n} c = nc$　(c：定数)

(5) $\displaystyle\sum_{k=1}^{n} ar^{k-1} = \dfrac{a(1-r^n)}{1-r}$ ($r \neq 1$)　(6) $\displaystyle\sum_{k=1}^{n} (I_k - I_{k+1}) = I_1 - I_{n+1}$

4. Σ 計算の 2 つの性質

(1) $\displaystyle\sum_{k=1}^{n} (a_k \pm b_k) = \sum_{k=1}^{n} a_k \pm \sum_{k=1}^{n} b_k$　　(2) $\displaystyle\sum_{k=1}^{n} c a_k = c \sum_{k=1}^{n} a_k$　(c：定数)

5. $S_n = f(n)$ の解法パターン

$S_n = a_1 + a_2 + \cdots + a_n = f(n)$　($n = 1, 2, \cdots$) のとき

(i) $a_1 = S_1$　　(ii) $n \geqq 2$ で, $a_n = S_n - S_{n-1}$

6. 階差数列型の漸化式

$a_{n+1} - a_n = b_n$ のとき, $n \geqq 2$ で, $a_n = a_1 + \displaystyle\sum_{k=1}^{n-1} b_k$

7. 等比関数列型の漸化式

$F(n+1) = r \cdot F(n)$ のとき, $F(n) = F(1) \cdot r^{n-1}$

8. (n の命題)…(*) ($n = 1, 2, \cdots$) の数学的帰納法による証明

(i) $n = 1$ のとき(*) が成り立つことを示す。

(ii) $n = k$ のとき(*) が成り立つと仮定して, $n = k+1$ のときも
　　　成り立つことを示す。

以上(i)(ii)より, 任意の自然数 n について (*) は成り立つ。

② 確率分布と統計的推測

テーマ

▶ 確率分布と期待値・分散・標準偏差

▶ 確率変数の和と積，二項分布

▶ 連続型確率変数，正規分布

▶ 統計的推測

▶ 区間推定と検定

みんな，おはよう！　サァ今日から，“**確率分布と統計的推測**”の講義に入ろう。これから数学 **B** も最終章に入るんだね。で，今日の解説するテーマは，“**確率分布**”と，その“**期待値（平均）**”と“**分散**”それに“**標準偏差**”なんだね。さらに，変数変換したときの新たな確率変数の期待値や分散の求め方についても教えるつもりだ。

エッ，言葉が難しくて，引きそうって！？大丈夫！最後まで分かりやすく教えるからね。それじゃ，早速講義を始めようか。

● 分散，標準偏差で，バラツキ具合が分かる！

たとえば，**1** から **5** までの数字が書かれた **5** 枚のカードから無作為に **1** 枚を引いたとき，**1, 2, 3, 4, 5** の数値のカードを引く確率は当然それぞれ $\frac{1}{5}$ になるのはいいね。このように，ある試行を行った結果が，**1, 2, ⋯, 5** のように数値で与えられるとき,これを“**確率変数**”$X = x_1, x_2, x_3, ⋯, x_n$ とおくことにしよう。そして，それぞれの確率変数の値に対して，確率 $P = P_1, P_2, P_3, ⋯, P_n$ が与えられているとき，「確率変数 X の“**確率分布**”が与えられている。」と言ったり，「確率変数 X は，この“**確率分布**”に従う。」と言うんだね。この確率分布は，表やグラフの形で表すことができ，各確率の総和は，$P_1 + P_2 + ⋯ + P_n = 1$（全確率）となる。

そして，この確率分布を代表する値として，“**期待値**”$E(X)$（または“**平均**”m）を求めたり，バラツキ具合の指標として，“**分散**”$V(X)$（または $\underline{\sigma^2}$），“**標準偏差**”$D(X)$（または σ）を求めることができる。つまり期待

ギリシャ文字 “シグマ”の **2** 乗　　　ギリシャ文字の “シグマ”

値 $E(X)(= m)$ が，その分布の中心的な値を示し，分散 $V(X)(= \sigma^2)$ や標準偏差 $D(X)(= \sigma)$ が，その期待値を中心とした確率分布のバラツキの度合いを表すってことなんだ。

では，この期待値 $E(X)$ や分散 $V(X)$ それに標準偏差 $D(X)$ をどのように求めるか？知りたいだろうね。確率分布表や確率分布のグラフのイメージと共に，これらの値の求め方について，次に示そう。

確率分布と期待値，分散，標準偏差

(1) 期待値 $E(X)$ （または平均 m ）

$$E(X) = m = \sum_{k=1}^{n} x_k P_k$$

確率変数・確率

$$= x_1 P_1 + x_2 P_2 + \cdots + x_n P_n$$

確率変数 X の確率分布表

確率変数 X	x_1	x_2	x_3	……	x_n
確率 P	P_1	P_2	P_3	……	P_n

$$\left(\text{ただし，} \sum_{k=1}^{n} P_k = P_1 + P_2 + \cdots + P_n = 1 \right)$$
$$(\text{全確率}) \text{となる。}$$

(2) 分散 $V(X)$ （または σ^2 ）

"シグマの 2 乗"

$$V(X) = \sigma^2 = \sum_{k=1}^{n} (x_k - m)^2 P_k \quad \leftarrow \text{定義式}$$
$$= \sum_{k=1}^{n} x_k^2 P_k - m^2 \quad \leftarrow \text{計算式}$$

確率変数の 2 乗・確率

$$= (x_1^2 P_1 + x_2^2 P_2 + \cdots + x_n^2 P_n) - m^2$$

$\{E(X)\}^2$

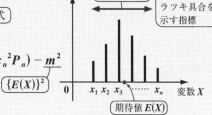

確率変数 X の確率分布のグラフ

$V(X)$ と $D(X)$ … 確率分布のバラツキ具合を示す指標

期待値 $E(X)$

確率分布の中心的な値を示す

(3) 標準偏差 $D(X)$ （または σ ）

$$D(X) = \sigma = \sqrt{V(X)}$$

　エッ，標準偏差 $D(X)$ は，$V(X)$ の $\sqrt{}$ をとるだけで簡単だけど，分散

正の平方根

$V(X)$ の計算が大変そうだって？ そうだね，初めて分散 $V(X)$ の定義式を見た人は，少しビビったかもしれないね。しかも，これには定義式と計算式の 2 つがあるので余計大変に感じたかもね。1 つ 1 つ解説していこう。

　まず，(1) の期待値 $E(X)$ の計算は大丈夫だね。$\sum$ (確率変数)×(確率)と覚えておけばいいんだね。問題は，(2) の分散 $V(X)$ の計算だね。この計算には m，すなわち期待値 $E(X)$ の値が使われるので $V(X)$ の計算の前に，必ず期待値 $E(X) = m$ の値を求めておかないといけないんだね。そして，分散 $V(X)$ の定義式：

$$V(X) = \sum_{k=1}^{n} (x_k - m)^2 P_k \quad \cdots\cdots \ \text{⑦} \ \text{は，確率変数 } x_k \text{ と中心的な値 } \underline{m} \text{ の差の 2}$$

確率変数と m の差の 2 乗・確率・平均

乗に，確率 P_k をかけたものの和をとれってことだから，中心的な値 m から離れたところ (x_k) に大きな確率 P_k があれば，分散 $V(X)$ は大きな値を示すことになる。

だから，図 1(i) に示すように，$V(X)$ が大きい場合は確率分布のバラツキが大きくなるんだね。また，図 1(ii) に示すように，$V(X)$ が小さい場合は，m から離れた x_k のところに大きな確率 P_k は存在しない。つまり，大きな確率 P_k は m の付近に集中的に存在するはずだから確率分布のバラツキが小さくなるんだね。納得いった？

このように分散 $V(X)$ の ㋐ の定義式がバラツキ具合を示す指標であることは分かりやすいんだけれど，この式を使って計算するのがメンドウなときもあるんだね。したがって，この ㋐ を変形して計算しやすい形にしたものが，分散 $V(X)$ の計算式と呼ばれるもので，次の ㋑ のことなんだね。

図 1 分散 $V(X)$ と確率分布のバラツキ

(i) $V(X)$ が大きい場合，バラツキが大きい。

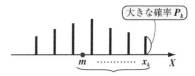

$\left(\begin{array}{l}m \text{ から離れた } x_k \text{ のところにも} \\ \text{大きな確率 } P_k \text{ が存在する。}\end{array}\right)$

(ii) $V(X)$ が小さい場合，バラツキが小さい。

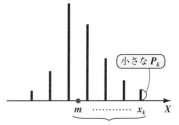

$\left(\begin{array}{l}m \text{ から離れた } x_k \text{ のところに大} \\ \text{きな } P_k \text{ が存在しない。}\end{array}\right)$

$$V(X) = \sum_{k=1}^{n} x_k{}^2 P_k - m^2 \ \cdots\cdots ㋑$$
$$\underline{(x_1{}^2 P_1 + x_2{}^2 P_2 + \cdots + x_n{}^2 P_n)}$$

㋑の式であれば $\sum(\text{確率変数})^2 \times (\text{確率})$ の計算を行った後，予め求めておいた期待値 m の 2 乗を引けばいいだけだから，比較的楽に計算できるのが分かると思う。

エッ，㋐と㋑が本当に同じ式なのか分からないって？ この変形はチョットメンドウだけど，やっぱりやっておくべきだろうね。

それじゃ㋐を基にして変形してみるよ。

$$V(X) = \sum_{k=1}^{n} (x_k - m)^2 \cdot P_k \quad \cdots\cdots \text{⑦} \quad \leftarrow \boxed{V(X) \text{ の定義式}}$$

$$\boxed{(x_k^2 - 2mx_k + m^2)} \leftarrow \boxed{(a-b)^2 = a^2 - 2ab + b^2 \text{ だからね。}}$$

$$= \sum_{k=1}^{n} (\overbrace{x_k^2 - 2mx_k + m^2}) P_k$$

$$= \sum_{k=1}^{n} (x_k^2 P_k - 2mx_k P_k + m^2 P_k) \quad \leftarrow \boxed{\text{公式} \atop \sum_{k=1}^{n}(a_k \pm b_k) = \sum_{k=1}^{n} a_k \pm \sum_{k=1}^{n} b_k \text{ を使った！}}$$

$$= \sum_{k=1}^{n} x_k^2 P_k - \sum_{k=1}^{n} \boxed{2m} x_k P_k + \sum_{k=1}^{n} \boxed{m^2} P_k$$

$$= \sum_{k=1}^{n} x_k^2 P_k - \boxed{2m} \sum_{k=1}^{n} x_k P_k + \boxed{m^2} \sum_{k=1}^{n} P_k \quad \leftarrow \boxed{\text{公式} \atop \sum_{k=1}^{n} ca_k = c \sum_{k=1}^{n} a_k \text{ を使った。}}$$

$$\boxed{x_1 P_1 + x_2 P_2 + \cdots + x_n P_n = m \ (\text{期待値})} \quad \boxed{P_1 + P_2 + \cdots + P_n = 1 \ (\text{全確率})}$$

$$= \sum_{k=1}^{n} x_k^2 P_k - 2m \cdot m + m^2 \cdot 1$$

$$\boxed{-2m^2 + m^2 = -m^2}$$

$$= \sum_{k=1}^{n} x_k^2 P_k - m^2 \quad \cdots\cdots \text{④} \quad \leftarrow \boxed{V(X) \text{ の計算式}}$$

となって，ナルホド，$V(X)$ の計算式 ④ が導かれたね。証明がよく分からない人は，今はほうっておいてもいいよ。公式は導くことより，使うことの方が大事だからだ。

そして，分散 $V(X)$ が求まったならば，この正の平方根が，"標準偏差" $D(X)$ と呼ばれるものなんだね。つまり，$D(X) = \sqrt{V(X)}$ になる。

サァ，それじゃ，実際に次の練習問題の確率分布から期待値 $E(X)$，分散 $V(X)$，標準偏差 $D(X)$ の値を求めてみよう！これは，初めに解説した，1 から 5 の数字の書かれたカードから無作為に 1 枚抜きとったとき，抜きとったカードに書かれている数値を確率変数 X とする確率分布の問題なんだね。

右の確率分布に従う確率変数 X の期待値 $E(X)$，分散 $V(X)$，標準偏差 $D(X)$ の値を求めよ。

確率分布表

変数 X	1	2	3	4	5
確率 P	$\dfrac{1}{5}$	$\dfrac{1}{5}$	$\dfrac{1}{5}$	$\dfrac{1}{5}$	$\dfrac{1}{5}$

> 期待値 $E(X) = m = \sum\limits_{k=1}^{5} x_k P_k$，分散 $V(X) = \sum\limits_{k=1}^{5} x_k{}^2 P_k - m^2$，標準偏差 $D(X) = \sqrt{V(X)}$ の公式に従って，順に求めていけばいいんだね。頑張ろう！

与えられた確率変数 X の確率分布から，期待値 $E(X)$，分散 $V(X)$，そして標準偏差 $D(X)$ を順に求める。

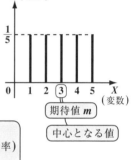

（ⅰ）期待値 $E(X) = m$

$$= \sum_{k=1}^{5} x_k P_k = 1 \cdot \frac{1}{5} + 2 \cdot \frac{1}{5} + 3 \cdot \frac{1}{5} + 4 \cdot \frac{1}{5} + 5 \cdot \frac{1}{5}$$

$$= \frac{1}{5}(1 + 2 + 3 + 4 + 5)$$

$$= \frac{15}{5} = 3 \quad \cdots\cdots ① \, となる。$$

> $E(X)$ の公式：$\sum$(確率変数)×(確率) を使った。

> これは分布の形状が $X = 3$ に関して左右対称だから当然の結果だね。

（ⅱ）分散 $V(X) = \sigma^2 = \sum\limits_{k=1}^{5} x_k{}^2 P_k - \underline{m^2}$ ←（計算式）

$$= \left(1^2 \cdot \frac{1}{5} + 2^2 \cdot \frac{1}{5} + 3^2 \cdot \frac{1}{5} + 4^2 \cdot \frac{1}{5} + 5^2 \cdot \frac{1}{5}\right) - \underset{m}{3}^2 \quad (①より)$$

$$= \frac{1}{5}(1 + 4 + 9 + 16 + 25) - 9$$

$$= \frac{55}{5} - 9 = 11 - 9$$

$$= 2 \quad となる。$$

> $V(X)$ の公式：$\sum$(確率変数)²×(確率) − (期待値)² を使った。

後は，この $\sqrt{}$ をとれば標準偏差だね。

（ⅲ）標準偏差 $D(X) = \sigma = \sqrt{V(X)} = \sqrt{2}$ となって，答えだ。

どう？　これで計算の要領もつかめてきただろう？

それじゃ，ここで期待値 $E(X)$ の記号法について少し解説しておこう。

$E(X) = \sum_{k=1}^{n} x_k P_k = x_1 P_1 + x_2 P_2 + \cdots + x_n P_n$ のことだから，

これと同様に $E(Y)$ や $E(Z)$ は次の計算式を表しているんだよ。

$E(Y) = \sum_{k=1}^{n} y_k P_k = y_1 P_1 + y_2 P_2 + \cdots + y_n P_n$ ← 確率変数 $Y = y_1, y_2, \cdots, y_n$ の期待値

$E(Z) = \sum_{k=1}^{n} z_k P_k = z_1 P_1 + z_2 P_2 + \cdots + z_n P_n$ ← 確率変数 $Z = z_1, z_2, \cdots, z_n$ の期待値

だから $E(X^2)$ が何を意味するか分かる？　…，そうだね。

$E(X^2) = \sum_{k=1}^{n} x_k^2 P_k = x_1^2 P_1 + x_2^2 P_2 + \cdots + x_n^2 P_n$ ← 確率変数 $X^2 = x_1^2, x_2^2, \cdots, x_n^2$ の期待値

となるんだね。

以上より，分散 $V(X)$ の計算式 $V(X) = \underbrace{\sum_{k=1}^{n} x_k^2 P_k}_{E(X^2)} - \underbrace{m^2}_{E(X)}$ は，E を使って

$V(X) = E(X^2) - \{E(X)\}^2$ と表すこともできるんだ。納得いった？

それではもう1題，練習問題を解いてみよう。

練習問題 20　確率分布 (Ⅱ)　CHECK 1　CHECK 2　CHECK 3

右の確率分布に従う確率変数 X の期待値 $E(X)$，分散 $V(X)$，そして標準偏差 $D(X)$ の値を求めよ。

確率分布表

変数 X	1	2	3	4	5
確率 P	$\frac{1}{10}$	$\frac{1}{5}$	$\frac{2}{5}$	$\frac{1}{5}$	$\frac{1}{10}$

これも，期待値 $E(X) = m = \sum_{k=1}^{5} x_k P_k$，分散 $V(X) = E(X^2) - \{E(X)\}^2 = \sum_{k=1}^{5} x_k^2 P_k - m^2$，標準偏差 $D(X) = \sqrt{V(X)}$ の公式通り，計算すればいいんだよ。

まず，確率 $P = P_1, P_2, \cdots, P_5$ の和が

$P_1 + P_2 + P_3 + P_4 + P_5 = \frac{1}{10} + \frac{1}{5} + \frac{2}{5} + \frac{1}{5} + \frac{1}{10}$

$= \frac{1+2+4+2+1}{10} = \frac{10}{10} = 1$（全確率）となって，**OK** だね。

それでは，与えられた確率変数 X の確率分布から期待値 $E(X)$，分散 $V(X)$，標準偏差 $D(X)$ の値を順に求めよう。

（ i ）期待値 $E(X) = m$

$$= \sum_{k=1}^{5} x_k P_k$$

確率変数　確率

$$= 1 \cdot \frac{1}{10} + 2 \cdot \frac{1}{5} + 3 \cdot \frac{2}{5} + 4 \cdot \frac{1}{5} + 5 \cdot \frac{1}{10}$$

これも，分布の形状から明らかな結果だ！

$$= \frac{1}{10}(1 + 4 + 12 + 8 + 5) = \frac{30}{10} = 3 \quad \cdots\cdots ① \text{ となる。}$$

（ ii ）分散 $V(X) = \underset{\sum\limits_{k=1}^{5} x_k{}^2 P_k}{\underline{\underline{E(X^2)}}} - \underset{m=3}{\underline{\underline{\{E(X)\}^2}}} = \sum_{k=1}^{5} \underset{(\text{確率変数})^2}{x_k{}^2} \underset{\text{確率}}{P_k} - 3^2 \quad (① \text{より})$

$$= \left(1^2 \cdot \frac{1}{10} + 2^2 \cdot \frac{1}{5} + 3^2 \cdot \frac{2}{5} + 4^2 \cdot \frac{1}{5} + 5^2 \cdot \frac{1}{10}\right) - 9$$

$$= \frac{1}{10}(1 + 8 + 36 + 32 + 25) - 9$$

$$= \frac{102}{10} - 9 = \frac{102 - 90}{10} = \frac{12}{10} = \frac{6}{5} \text{ となって答えだ。}$$

（ iii ）標準偏差 $D(X) = \sqrt{V(X)} = \sqrt{\frac{6}{5}} = \frac{\sqrt{6}}{\sqrt{5}}$ （分子・分母に $\sqrt{5}$ をかけて） $= \frac{\sqrt{30}}{5}$ となる。

練習問題 19 と 20 の確率変数 X の期待値はいずれも 3 で等しかったけれど，分散 $V(X)$ は練習問題 19 と 20 では 2（大）と $\frac{6}{5}$（小）だった。これは，練習問題 19 の分布のバラツキの方が練習問題 20 のバラツキより大きいことを示してたんだ。

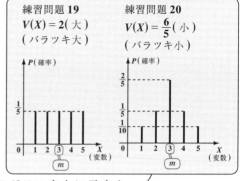

もう 1 度，この 2 つの確率分布のグラフを上に示すよ。
$V(X)$ の大小とバラツキ方の大小が共に対応しているのが分かっただろう？

88

● 変数 X を変数 Y に変換してみよう！

確率変数 X を使って，新たな確率変数 Y を $Y = aX + b$ $(a, b : 定数)$ と定義することって，意外と多いんだ。X も Y も確率変数だから，これらの意味するところは $X = x_1, x_2, x_3, \cdots, x_n$ に対して $Y = y_1, y_2, y_3, \cdots, y_n$ ということなんだよ。　$\boxed{ax_1+b}$ $\boxed{ax_2+b}$ $\boxed{ax_3+b}$ $\boxed{ax_n+b}$

そして，確率変数 X の期待値 $E(X)$，分散 $V(X)$，標準偏差 $D(X)$ と新たな確率変数 Y の期待値 $E(Y)$，分散 $V(Y)$，標準偏差 $D(Y)$ の関係は次のようになることも覚えておこう。

新たな確率変数 $Y = aX + b$

確率変数 X を使って，新たな確率変数 Y を $Y = aX + b$ $(a, b : 定数)$ で定義するとき，Y の期待値，分散，標準偏差は次のようになる。

(1) 期待値 $E(Y) = E(aX + b) = aE(X) + b$

(2) 分散 $V(Y) = V(aX + b) = a^2 V(X)$

(3) 標準偏差 $D(Y) = \sqrt{V(Y)} = \sqrt{a^2 V(X)} = |a| D(X)$

---

(1) 期待値 $E(Y)$ については，

$$E(Y) = E(aX + b) = \sum_{k=1}^{n} \overbrace{(ax_k + b)}^{} P_k \quad \xleftarrow{} \boxed{E \text{ の記号法からこうなるね。}}$$

$\boxed{y_k \text{ のこと}}$

$$= \sum_{k=1}^{n} (ax_k P_k + b P_k) = a \underbrace{\sum_{k=1}^{n} x_k P_k}_{} + b \underbrace{\sum_{k=1}^{n} P_k}_{}$$

$\boxed{x_1 P_1 + x_2 P_2 + \cdots + x_n P_n = E(X)}$　$\boxed{P_1 + P_2 + \cdots + P_n = 1 \text{（全確率）}}$

$= aE(X) + b$ となる。　$\boxed{\text{係数も } E \text{ の表に出せる！}}$

つまり，$E(Y) = E(a\underline{X} + \underline{b}) = E(a\underline{X}) + \underline{b} = \underline{a}E(X) + b$ ということなんだね。　$\boxed{\text{定数項は } E \text{ の表に出せる！}}$

$\therefore E(Y) = aE(X) + b$ だ！

(2) $V(X)$ の定義式 $V(X) = \sum_{k=1}^{n} (x_k - \underline{m})^2 P_k$ から，$V(X) = E((X - m)^2)$ と表せ

$\boxed{E(X) \text{ のこと}}$

るのは大丈夫？ ここで，Y の期待値 $E(Y)$ を m' で表すと，

$m' = E(Y) = a\boxed{m} + b$ となる。

よって， $\boxed{E(X) \text{ のこと}}$

$V(Y) = E((\underline{Y} - \underline{m'})^2) = E(\{aX \not{+b} - (am \not{+b})\}^2)$

$\underbrace{}_{\boxed{aX+b}} \quad \underbrace{}_{\boxed{am+b}}$

$\boxed{\text{係数は } E \text{ の表に出せる}}$

$= E((aX - am)^2) = E(\underline{a^2}(X - m)^2) = \underline{a^2}E((X - m)^2) = a^2 V(X)$

$\boxed{V(X) \text{ のこと}}$

すなわち，$V(Y) = a^2 V(X)$ が導けるんだね。この変形が，まだ難しく

感じる人は結果だけを覚えておいてもいいよ。

(3) 最後に標準偏差 $D(Y)$ は，

$D(Y) = \sqrt{V(Y)} = \sqrt{a^2 V(X)} = \underbrace{\sqrt{a^2}}_{\boxed{|a|}} \cdot \underbrace{\sqrt{V(X)}}_{\boxed{D(X)}} = |a|D(X)$ より，

$D(Y) = |a|D(X)$ となるんだね。納得いった？

練習問題 21	新たな確率変数 Y	CHECK 1	CHECK 2	CHECK 3

右の確率分布に従う確率変数 X の

$\begin{cases} \text{期待値 } E(X) = 3 \\ \text{分散 } V(X) = \dfrac{6}{5} \\ \text{標準偏差 } D(X) = \dfrac{\sqrt{30}}{5} \end{cases}$ である。

確率分布表 (練習問題 20 の確率分布)

変数 X	1	2	3	4	5
確率 P	$\dfrac{1}{10}$	$\dfrac{1}{5}$	$\dfrac{2}{5}$	$\dfrac{1}{5}$	$\dfrac{1}{10}$

この確率変数 X を使って，新たな確率変数 Y を $Y = 5X + 3$ で定義する

とき，Y の期待値 $E(Y)$，分散 $V(Y)$，標準偏差 $D(Y)$ を求めよ。

$Y = 5X + 3$ より，公式を使えば $E(Y) = 5E(X) + 3$，$V(Y) = 5^2 \cdot V(X)$，$D(Y) = |5| \cdot D(X)$
$= 5D(X)$ とアッサリ結果が求まるはずだ！

この X の確率分布は，既に練習問題 **20** で扱ったものだね。ここで，新たな確率変数 Y を $Y = 5X + 3$ で定義しているので，この $E(Y)$，$V(Y)$，$D(Y)$ を求めたかったならば，本来は右に示す，Y の確率分布表を基にして計算するものなんだね。

でも，既に，X については，

期待値 $E(X) = 3$，分散 $V(X) = \dfrac{6}{5}$，標準偏差 $D(X) = \dfrac{\sqrt{30}}{5}$ が分かっているので，Y の期待値，分散，標準偏差は次のように求められるんだね。

$$E(Y) = E(5X+3) = 5\underset{\text{③}}{E(X)} + 3 = 5 \times 3 + 3 = 18 \quad \begin{array}{|l|} \hline E(Y) = E(aX+b) \\ = aE(X)+b \\ \hline \end{array}$$

$$V(Y) = V(5X+3) = 5^2\underset{\frac{6}{5}}{V(X)} = 5^2 \times \dfrac{6}{5} = 30 \quad \begin{array}{|l|} \hline V(Y) = V(aX+b) \\ = a^2V(X) \\ \hline \end{array}$$

$$D(Y) = \sqrt{V(Y)} = |5|\underset{\frac{\sqrt{30}}{5}}{D(X)} = 5 \cdot \dfrac{\sqrt{30}}{5} = \sqrt{30} \quad \begin{array}{|l|} \hline D(Y) = D(aX+b) \\ = |a|D(X) \\ \hline \end{array}$$

$V(Y) = 30$ から，$D(Y) = \sqrt{30}$ としても，もちろんいい！

　以上で，今日の講義は終了です。今回は，確率分布を基に期待値，分散，標準偏差の値を求めることが中心だったので，計算がかなり大変だったと思う。でも，逆に言うなら，計算力を鍛える絶好の機会だから正確に迅速に結果が出せるように，よーく練習しよう！

　次回は，さらに，"**同時確率分布**" や "**二項分布**" の期待値や分散の求め方についても解説しよう。レベルは上がるけれど，さらに面白くなると思うよ。

　それじゃ，みんな体調に気を付けてな。次回も元気に会おう！
さようなら…。

7th day 確率変数の和と積, 二項分布

みんな, オハヨ～! 元気そうで何よりだ! では, これから "**確率分布**" の 2 回目の講義を始めよう。今日教えるテーマは "**確率の和と積**" および "**二項分布**" だよ。

具体的には, 2 つの確率変数 X と Y の和の期待値 $E(X+Y)$ や, 分散 $V(X+Y)$, および積の期待値 $E(XY)$ など…, がどうなるのか? 教えよう。また, "**二項分布**" $B(n, p)$ についても, 詳しく解説するつもりだ。

エッ, また用語が難しそうでビビるって!? 大丈夫だよ。必ず理解できるように解説するからね。では, 早速講義を開始しよう!

● $E(X+Y)$ と $E(XY)$ を調べよう!

2 つの確率変数 X と Y, すなわち,

$$\begin{cases} X = x_1, x_2, \cdots, x_m \\ Y = y_1, y_2, \cdots, y_n \end{cases}$$

の確率分布が, それぞれ表1(ⅰ), (ⅱ) のように与えられているものとしよう。このとき, 新たな確率変数として, $X+Y$ と XY を考えたとき, これらの期待値 $E(X+Y)$ と $E(XY)$ がどうなるのか?

表 1 X と Y の確率分布表

(ⅰ) X の確率分布表

変数 X	x_1	x_2	$\cdots$	x_m
確率 P	p_1	p_2	$\cdots$	p_m

(ⅱ) Y の確率分布表

変数 Y	y_1	y_2	$\cdots$	y_n
確率 Q	q_1	q_2	$\cdots$	q_n

これが, 今日の講義で解説する最初の大事なテーマなんだね。結果を先に示すと, 次のようになる。

(ⅰ) $E(X+Y) = E(X) + E(Y) \cdots (*1)$　は, 常に成り立つ。

(ⅱ) $E(XY) = E(X) \cdot E(Y)$　……$(*2)$　は, ある条件の下でのみ成り立つ。

そして, $E(XY) = E(X)E(Y)$ が成り立つある条件の下では, $X+Y$ の分散 $V(X+Y)$ について,

(ⅱ) $V(X+Y) = V(X) + V(Y) \cdots (*3)$　も成り立つ。

ある条件って何だ!? って思ってるかも知れないね。これについては, 後で詳しく解説するから, 今は, この結果をまず頭に入れておいてくれ。

ここで, X と Y の期待値を $E(X) = m_X$, $E(Y) = m_Y$ とおくと,

$$\begin{cases} E(X) = m_X = \displaystyle\sum_{k=1}^{m} x_k\,p_k = x_1 p_1 + x_2 p_2 + \cdots + x_m p_m \quad \cdots\cdots\text{①} \\[4mm] \underset{\boxed{確率変数}\ \boxed{確率}}{} \\[2mm] E(Y) = m_Y = \displaystyle\sum_{k=1}^{n} y_k\,q_k = y_1 q_1 + y_2 q_2 + \cdots + y_n q_n \quad \cdots\cdots\text{②} \quad \text{となるのは} \\[2mm] \underset{\boxed{確率変数}\ \boxed{確率}}{} \end{cases}$$

大丈夫だね。前回教えた期待値の公式通りだからね。

これから，公式

$E(X+Y) = E(X) + E(Y) \cdots (*1)$　　が成り立つのは，当たり前のことのように見えるかも知れないね。でも，これは本当はそれ程単純なことではないんだね。

これを調べるには，表2に示すように，2つの確率変数 X と Y の確率分布を同時に考えなければならない。よって，この図2の確率分布のことを X と Y の "同時確率分布" というんだね。これは，$X = x_i$，かつ $Y = y_j$ となる確率 $P(X = x_i,\ Y = y_j)$ を，

表2　X と Y の同時確率分布

$X \backslash Y$	y_1	y_2	$\cdots$	y_n	計
x_1	r_{11}	r_{12}	$\cdots$	r_{1n}	p_1
x_2	r_{21}	r_{22}	$\cdots$	r_{2n}	p_2
$\vdots$	$\vdots$	$\vdots$		$\vdots$	$\vdots$
x_m	r_{m1}	r_{m2}	$\cdots$	r_{mn}	p_m
計	q_1	q_2	$\cdots$	q_n	1

$\boxed{r_{11} + r_{21} + \cdots + r_{m1} \text{ のこと}}$　$\boxed{r_{11} + r_{12} + \cdots + r_{1n} \text{ のこと}}$

$\underline{P(X = x_i,\ Y = y_j)} = r_{ij}\ (i = 1,\ 2,\ \cdots,\ m,\ j = 1,\ 2,\ \cdots,\ n)$ とおいて，

> これから，$P(X = x_1, Y = y_1) = r_{11}$, $P(X = x_1, Y = y_2) = r_{12}$, $\cdots$, $P(X = x_1, Y = y_n) = r_{1n}$ $\cdots$, $P(X = x_m, Y = y_1) = r_{m1}$, $P(X = x_m, Y = y_2) = r_{m2}$, $\cdots$, $P(X = x_m, Y = y_n) = r_{mn}$ となるんだね。表と見比べてみよう。

表している。

エッ，急に難しくなって，よく分からんって !? そうだね。同時確率分布を初めて見た人の正直な感想だと思う。したがって，ここでは，簡単な具体例を使って，同時確率分布と次の公式の関係を調べてみることにしよう。

$$\begin{cases} E(X+Y) = E(X) + E(Y) \cdots (*1) \quad \leftarrow \boxed{常に成り立つ} \\[2mm] E(XY) = E(X) \cdot E(Y) \quad \cdots\cdots (*2) \quad \leftarrow \boxed{ある条件の下でのみ成り立つ} \end{cases}$$

● 同時確率分布を具体的に求めてみよう！

それでは，次の練習問題にチャレンジしてごらん。

赤玉 3 個と白玉 2 個の入った袋から，無作為に初めに **a** が 1 個取り出し，その玉を戻した後で，**b** が 1 個を取り出すものとする。このとき，**a** と **b** が取り出した赤玉の個数をそれぞれ X と Y とする。
X と Y の同時確率分布を求めよ。また，公式：
$$E(X+Y) = E(X) + E(Y) \ \cdots(*1), \qquad E(XY) = E(X) \cdot E(Y) \ \cdots(*2)$$
が成り立つことを示せ。

a が初めに取り出した玉を，元に戻すので，**a**，**b** 共に，赤玉 3 個，白玉 2 個が入った状態の袋から玉を取り出すことに注意しよう。

a と **b** が取り出した赤玉の個数をそれぞれ確率変数 X，Y とおくと，

$X = 0, 1$，また $Y = 0, 1$ となるんだね。

また，**a** が初めに取り出した玉は元に戻すので，**a**，**b** 共に赤玉 3 個，白玉 2 個が入った袋から玉を取り出すことになる。よって，

・$X = 0$ となる確率を $P(X=0)$，

・$X = 0$ かつ $Y = 0$ となる確率を $P(X=0, \ Y=0)$ など…，

と表すことにして，それぞれの確率を求めてみよう。

・$P(X=0) = \dfrac{_2C_1}{_5C_1} = \dfrac{2}{5} \ (= p_1), \quad P(X=1) = \dfrac{_3C_1}{_5C_1} = \dfrac{3}{5} \ (= p_2)$

a が，5 個の玉の内，2 個の白玉のいずれかを取り出す。	**a** が，5 個の玉の内，3 個の赤玉のいずれかを取り出す。

・$P(Y=0) = \dfrac{_2C_1}{_5C_1} = \dfrac{2}{5} \ (= q_1), \quad P(Y=1) = \dfrac{_3C_1}{_5C_1} = \dfrac{3}{5} \ (= q_2)$

b が，5 個の玉の内，2 個の白玉のいずれかを取り出す。	**b** が，5 個の玉の内，3 個の赤玉のいずれかを取り出す。

よって，これは独立な試行の確率と考えていいので，

・$P(X=0, \ Y=0) = P(X=0) \cdot P(Y=0) = \dfrac{2}{5} \times \dfrac{2}{5} = \dfrac{4}{25} \ (= r_{11})$

$\cdot P(X=0,\ Y=1)=P(X=0)\cdot P(Y=1)=\dfrac{2}{5}\times\dfrac{3}{5}=\dfrac{6}{25}\ \ (=r_{12})$

$\cdot P(X=1,\ Y=0)=P(X=1)\cdot P(Y=0)=\dfrac{3}{5}\times\dfrac{2}{5}=\dfrac{6}{25}\ \ (=r_{21})$

$\cdot P(X=1,\ Y=1)=P(X=1)\cdot P(Y=1)=\dfrac{3}{5}\times\dfrac{3}{5}=\dfrac{9}{25}\ \ (=r_{22})$

以上より，右図のように，X と Y の
同時確率分布が得られるんだね。

（Ⅰ）これから，期待値 $E(X)$，$E(Y)$，
$E(X+Y)$ を求めて $(*1)$ が成り
立つことを確かめてみよう。

$E(X)=0\times\dfrac{2}{5}+1\times\dfrac{3}{5}=\dfrac{3}{5}$ ……①

$[E(X)=x_1\times p_1+x_2\times p_2]$

$E(Y)=0\times\dfrac{2}{5}+1\times\dfrac{3}{5}=\dfrac{3}{5}$ ……②

$[E(Y)=y_1\times q_1+y_2\times q_2]$

新たな確率変数の和 $X+Y$ の取り得
る値は，

$X+Y=\mathbf{0}$ ， $\mathbf{1}$ ， $\mathbf{2}$ の **3** 通りで，

$(X=0,\ Y=0)$ $(X=0,\ Y=1)$ $(X=1,\ Y=1)$
$(X=1,\ Y=0)$

それぞれに対応する確率は，

$P(X+Y=0)=P(X=0,\ Y=0)=\dfrac{4}{25}$

(r_{11})

$P(X+Y=1)=P(X=0,\ Y=1)+P(X=1,\ Y=0)=\dfrac{6}{25}+\dfrac{6}{25}=\dfrac{12}{25}$

$(r_{12}+r_{21})$

表3 X と Y の同時確率分布

X＼Y	0	1	計
0	$\dfrac{4}{25}$	$\dfrac{6}{25}$	$\dfrac{2}{5}$
1	$\dfrac{6}{25}$	$\dfrac{9}{25}$	$\dfrac{3}{5}$
計	$\dfrac{2}{5}$	$\dfrac{3}{5}$	1

X＼Y	y_1	y_2	計
x_1	r_{11}	r_{12}	p_1
x_2	r_{21}	r_{22}	p_2
計	q_1	q_2	1

ここで，

$p_1=r_{11}+r_{12}$　$p_2=r_{21}+r_{22}$
$q_1=r_{11}+r_{21}$　$q_2=r_{12}+r_{22}$
また，
$p_1+p_2=q_1+q_2=1$（全確率）
$r_{11}+r_{12}+r_{21}+r_{22}=1$（全確率）
が成り立つことに要注意だ！

$$P(X+Y=2) = P(X=1, \ Y=1) = \frac{9}{25}$$
$$\underbrace{\qquad}_{\boxed{r_{22}}}$$

$$\boxed{\begin{aligned} E(X) &= \frac{3}{5} \quad \cdots ① \\ E(Y) &= \frac{3}{5} \quad \cdots ② \end{aligned}}$$

以上より, $X+Y$ の期待値 $E(X+Y)$ は,

$$E(X+Y) = 0 \times \frac{\cancel{4}}{25} + 1 \times \frac{12}{25} + 2 \times \frac{9}{25} = \frac{12+18}{25}$$
$$\underbrace{\quad}_{\boxed{r_{11}}} \qquad \underbrace{\quad}_{\boxed{r_{12}+r_{21}}} \qquad \underbrace{\quad}_{\boxed{r_{22}}}$$

$$= \frac{30}{25} = \frac{6}{5} \quad \cdots\cdots ③ \quad \text{となるね。}$$

以上①, ②, ③より, 公式

$$E(X+Y) = E(X) + E(Y) \ \cdots\cdots (*1) \quad \text{が成り立つことが分かった。}$$

$$\left[\quad \frac{6}{5} \quad = \quad \frac{3}{5} \quad + \quad \frac{3}{5} \quad \right]$$

(Ⅱ) 次に, 公式 $E(XY) = E(X) \cdot E(Y) \ \cdots(*2)$ が成り立つことも示してみよう。

$X = 0, 1$, $Y = 0, 1$ より, 新たな確率変数の積 $X \cdot Y$ の取り得る値は,

$$XY = \underset{\uparrow}{0} \quad , \quad \underset{}{1} \text{の 2 通りで, それぞれの値に対応する確率は,}$$

$$\boxed{\begin{aligned} &(X=0, \ Y=0) \\ &(X=0, \ Y=1) \\ &(X=1, \ Y=0) \end{aligned}} \boxed{(X=1, \ Y=1)}$$

$$P(XY=0) = P(X=0, \ Y=0) + P(X=0, \ Y=1) + P(X=1, \ Y=0)$$

$$= \underbrace{\frac{4}{25} + \frac{6}{25} + \frac{6}{25}}_{\boxed{r_{11}+r_{12}+r_{21}}} = \frac{16}{25}$$

$$P(XY=1) = P(X=1, \ Y=1) = \frac{9}{25} \quad \text{となるので,}$$
$$\underbrace{\qquad}_{\boxed{r_{22}}}$$

XY の期待値 $E(XY)$ は,

$$E(XY) = 0 \times \frac{\cancel{16}}{25} + 1 \times \frac{9}{25} = \frac{9}{25} \quad \cdots\cdots ④ \quad \text{となるんだね。}$$
$$\underbrace{\quad}_{\boxed{r_{11}+r_{12}+r_{21}}} \underbrace{\quad}_{\boxed{r_{22}}}$$

以上①，②，④より，公式

$E(XY) = E(X) \cdot E(Y) \cdots (*2)$　が成り立つことも分かったんだね。

$$\left[\ \frac{9}{25} \ = \ \frac{3}{5} \ \cdot \ \frac{3}{5} \ \right]$$

結構メンドウな計算だったけれど，X と Y の同時確率分布の作り方と，$E(X+Y)$ や $E(XY)$ の公式の確認の仕方も理解できたと思う。では，もう1題，今度は，$E(XY) = E(X) \cdot E(Y) \cdots (*2)$ の公式が成り立たない場合の同時確率分布についても調べてみよう。

　次の練習問題にチャレンジしてごらん。

練習問題 23	同時確率分布(Ⅱ)	CHECK *1*	CHECK*2*	CHECK*3*

赤玉 **3** 個と白玉 **2** 個の入った袋から，無作為に初めに a が **1** 個取り出し，その玉を戻さずに，次に b が **1** 個を取り出すものとする。このとき，a と b が取り出した赤玉の個数をそれぞれ X と Y とする。

X と Y の同時確率分布を求めよ。また，

公式：$E(X+Y) = E(X) + E(Y) \cdots (*1)$ は成り立つが

公式：$E(XY) = E(X) \cdot E(Y) \quad \cdots\cdots (*2)$ は成り立たないことを示せ。

a が初めに取り出した玉を，元に戻さないので，b が玉を取り出す条件は，a が赤玉を取り出したか，否かにより変化することに注意しよう。

a と b が取り出した赤玉の個数をそれぞれ確率変数 X，Y とおくと，$X = 0, 1$，また $Y = 0, 1$ となるのは大丈夫だね。後は，$P(X=0)$ や $P(X=0, Y=1)$ などの確率をすべて求めてみよう。

$$P(X=0) = \frac{{}_2C_1}{{}_5C_1} = \frac{2}{5} \ (=p_1), \quad P(X=1) = \frac{{}_3C_1}{{}_5C_1} = \frac{3}{5} \ (=p_2)$$

これらは，前問と同じだから問題ないね。次，$P(Y=0)$ と $P(Y=1)$ は，

$$\cdot \ P(Y=0) = \underbrace{\frac{{}_2C_1}{{}_5C_1} \times \frac{{}_1C_1}{{}_4C_1}}_{} + \underbrace{\frac{{}_3C_1}{{}_5C_1} \times \frac{{}_2C_1}{{}_4C_1}}_{} = \frac{2}{5} \times \frac{1}{4} + \frac{3}{5} \times \frac{2}{4} = \frac{8}{20} = \frac{2}{5} \ (=q_1)$$

a が白を取った後，b は赤 3，白 1 の内，白を取り出す。	a が赤を取った後，b は赤 2，白 2 の内，白を取り出す。
これは，$P(X=0, Y=0) = r_{11}$ のこと	これは，$P(X=1, Y=0) = r_{21}$ のこと

確率分布と統計的推測

97

$\cdot\ P(Y=1)=\dfrac{{}_2C_1}{{}_5C_1}\times\dfrac{{}_3C_1}{{}_4C_1}+\dfrac{{}_3C_1}{{}_5C_1}\times\dfrac{{}_2C_1}{{}_4C_1}=\dfrac{2}{5}\times\dfrac{3}{4}+\dfrac{3}{5}\times\dfrac{2}{4}=\dfrac{12}{20}=\dfrac{3}{5}\ (\,=q_2)$

> a が白を取った後，b は
> 赤 3，白 1 の内，赤を取り出す。

> a が赤を取った後，b は
> 赤 2，白 2 の内，赤を取り出す。

> これは，$P(X=0,\ Y=1)=r_{12}$ のこと

> これは，$P(X=1,\ Y=1)=r_{22}$ のこと

また，$P(X=0,\ Y=0)$, $P(X=0,\ Y=1)$, $P(X=1,\ Y=0)$, $P(X=1,\ Y=1)$ は，もう既に計算してるけれど，ここに列挙しておくと，

$\cdot\ P(X=0,\ Y=0)=\dfrac{{}_2C_1}{{}_5C_1}\times\dfrac{{}_1C_1}{{}_4C_1}=\dfrac{2}{5}\times\dfrac{1}{4}$

> a が白，b が白を取り出す

$\qquad\qquad\qquad =\dfrac{1}{10}\ (\,=r_{11})$

$\cdot\ P(X=0,\ Y=1)=\dfrac{{}_2C_1}{{}_5C_1}\times\dfrac{{}_3C_1}{{}_4C_1}=\dfrac{2}{5}\times\dfrac{3}{4}$

> a が白，b が赤を取り出す

$\qquad\qquad\qquad =\dfrac{3}{10}\ (\,=r_{12})$

$\cdot\ P(X=1,\ Y=0)=\dfrac{{}_3C_1}{{}_5C_1}\times\dfrac{{}_2C_1}{{}_4C_1}=\dfrac{3}{5}\times\dfrac{2}{4}$

> a が赤，b が白を取り出す

$\qquad\qquad\qquad =\dfrac{3}{10}\ (\,=r_{21})$

$\cdot\ P(X=1,\ Y=1)=\dfrac{{}_3C_1}{{}_5C_1}\times\dfrac{{}_2C_1}{{}_4C_1}=\dfrac{3}{5}\times\dfrac{2}{4}$

> a が赤，b が赤を取り出す

$\qquad\qquad\qquad =\dfrac{3}{10}\ (\,=r_{22})$

X＼Y	y_1	y_2	計
x_1	r_{11}	r_{12}	p_1
x_2	r_{21}	r_{22}	p_2
計	q_1	q_2	1

> ここで，
> $p_1=r_{11}+r_{12}$　$p_2=r_{21}+r_{22}$
> $q_1=r_{11}+r_{21}$　$q_2=r_{12}+r_{22}$
> また，
> $p_1+p_2=q_1+q_2=1$（全確率）
> $r_{11}+r_{12}+r_{21}+r_{22}=1$（全確率）
> が成り立つことに要注意だ！

以上より，右のような X と Y の同時確率分布表が得られる。

（Ⅰ）これから，期待値 $E(X)$, $E(Y)$, $E(X+Y)$ を求めてみよう。

表 4 X と Y の同時確率分布

X＼Y	0	1	計
0	$\dfrac{1}{10}$	$\dfrac{3}{10}$	$\dfrac{2}{5}$
1	$\dfrac{3}{10}$	$\dfrac{3}{10}$	$\dfrac{3}{5}$
計	$\dfrac{2}{5}$	$\dfrac{3}{5}$	1

$$E(X) = 0 \times \frac{2}{5} + 1 \times \frac{3}{5} = \frac{3}{5} \quad \cdots\cdots ① \quad \leftarrow \boxed{E(X) = x_1 p_1 + x_2 p_2}$$

$$E(Y) = 0 \times \frac{2}{5} + 1 \times \frac{3}{5} = \frac{3}{5} \quad \cdots\cdots ② \quad \leftarrow \boxed{E(Y) = y_1 q_1 + y_2 q_2}$$

新たな確率変数の和 $X+Y$ の取り得る値は,

$$X+Y = \underset{\boxed{(X=0,\ Y=0)}}{\mathbf{0}} \quad , \quad \underset{\boxed{\begin{array}{c}(X=0,\ Y=1)\\(X=1,\ Y=0)\end{array}}}{\mathbf{1}} \quad , \quad \underset{\boxed{(X=1,\ Y=1)}}{\mathbf{2}}$$

の 3 通りで, これに対応する確率は,

$$P(X+Y=0) = r_{11} = \frac{1}{10} \quad , \quad P(X+Y=1) = r_{12} + r_{21} = \frac{3}{10} + \frac{3}{10} = \frac{3}{5}$$

$$P(X+Y=2) = r_{22} = \frac{3}{10} \quad \text{となるので, 期待値 } E(X+Y) \text{ は,}$$

$$E(X+Y) = 0 \times \frac{1}{10} + 1 \times \frac{3}{5} + 2 \times \frac{3}{10} = \frac{3}{5} + \frac{3}{5} = \frac{6}{5} \ \cdots ③ \quad \text{となるね。}$$

よって, ①, ②, ③より, 公式 $E(X+Y) = E(X) + E(Y)$ $\cdots\cdots (*1)$

$$\left[\quad \frac{6}{5} \quad = \quad \frac{3}{5} \quad + \quad \frac{3}{5} \quad \right]$$

は成り立つ。

(Ⅱ) 次に, 新たな確率変数の積 XY の取り得る値は,

$$XY = \underset{\boxed{\begin{array}{c}(X=0,\ Y=0)\\(X=0,\ Y=1)\\(X=1,\ Y=0)\end{array}}}{\mathbf{0}} \quad , \quad \underset{\boxed{(X=1,\ Y=1)}}{\mathbf{1}}$$

の 2 通りで, それぞれに対応する確率は,

$$\cdot\ P(XY=0) = r_{11} + r_{12} + r_{21} = \frac{1}{10} + \frac{3}{10} + \frac{3}{10} = \frac{7}{10}$$

$$\cdot\ P(XY=1) = r_{22} = \frac{3}{10} \quad \text{となるので, 期待値 } E(XY) \text{ は,}$$

$$E(XY) = 0 \times \frac{7}{10} + 1 \times \frac{3}{10} = \frac{3}{10} \quad \cdots\cdots ④$$

よって①, ②, ④より, $E(XY) \neq E(X) \cdot E(Y)$ となるので,

$$\left[\quad \frac{3}{10} \quad \neq \quad \frac{3}{5} \quad \cdot \quad \frac{3}{5} \quad \right]$$

公式 $E(XY) = E(X) \cdot E(Y)$ …($*2$) は成り立たないことが分かったんだね。

● $E(XY) = E(X)E(Y)$ の成り立つ条件は !?

2題の練習問題を解いて，公式：

$E(X+Y) = E(X) + E(Y)$ ……($*1$) が成り立つことは分かったと思う。これと，前回学んだ公式 $E(aX+b) = aE(X) + b$ を組み合わせることにより，さらに次のような発展形の公式を導くこともできる。

$E(aX+bY) = aE(X) + bE(Y)$ ……($*1$)′ (a, b：定数)

さらに，同様に考えれば，3つの確率変数 X, Y, Z に対して，

$E(X+Y+Z) = E(X) + E(Y) + E(Z)$ ……………($*1$)″ と

$E(aX+bY+cZ) = aE(X) + bE(Y) + cE(Z)$ ……($*1$)‴ も

導くことができる。($*1$) 〜 ($*1$)‴ は常に成り立つ公式なので，シッカリ覚えて使いこなすことだね。

これに対して，$E(XY) = E(X) \cdot E(Y)$ …($*2$) は，練習問題22では成り立ったんだけれど，練習問題23では成り立たなかった。この原因は実は，2つの同時確率分布の中にあったんだね。

右表に示すように，練習問題22の同時確率分布では，

$P(X=0,\ Y=0) = P(X=0) \times P(Y=0)$
$P(X=0,\ Y=1) = P(X=0) \times P(Y=1)$
$P(X=1,\ Y=0) = P(X=1) \times P(Y=0)$
$P(X=1,\ Y=1) = P(X=1) \times P(Y=1)$

となっているのが分かるね。

一般に，2つの確率変数 X, Y について，

表3 練習問題22

X \ Y	0	1	計
0	$\frac{2}{5} \times \frac{2}{5}$	$\frac{2}{5} \times \frac{3}{5}$	$\frac{2}{5}$ = $P(X=0)$
1	$\frac{3}{5} \times \frac{2}{5}$	$\frac{3}{5} \times \frac{3}{5}$	$\frac{3}{5}$ = $P(X=1)$
計	$\frac{2}{5}$	$\frac{3}{5}$	1

$P(Y=0)$　$P(Y=1)$

$P(X=x_i,\ Y=y_j) = P(X=x_i) \times P(Y=y_j)$ ……($*$) が成り立つとき，

確率変数 X と Y は "独立である" というんだね。そして，X と Y が独立な確率変数であれば，期待値の公式

$E(XY) = E(X) \cdot E(Y)$ …($*2$) が導けるんだね。

これに対して，練習問題 23 の表 4 の X と
Y の同時確率分布表から分かるように，

$$\underbrace{P(X=0, \ Y=0)}_{\boxed{\frac{1}{10}}} \mathrel{\neq} \underbrace{P(X=0)}_{\boxed{\frac{2}{5}}} \times \underbrace{P(Y=0)}_{\boxed{\frac{2}{5}}}$$

表4　練習問題 23

X\Y	0	1	計
0	$\frac{1}{10}$	$\frac{3}{10}$	$\frac{2}{5}$
1	$\frac{3}{10}$	$\frac{3}{10}$	$\frac{3}{5}$
計	$\frac{2}{5}$	$\frac{3}{5}$	1

など…，$(*)$ が明らかに成り立たないので，
X と Y は独立な確率変数でない。

だから，$E(XY) = E(X) \cdot E(Y)$ …$(*2)$ も成り立たなかったんだね。

ここで，X と Y が独立な変数で，$E(XY) = E(X) \cdot E(Y)$ …$(*2)$ が成り立つとき，$V(X+Y)$ の分散について，次の公式が導ける。

$$V(X+Y) = V(X) + V(Y) \quad \cdots\cdots (*3)$$

$(*3)$ が成り立つことを証明しておこう。

$(*3)$ の左辺 $= V(X+Y)$

> 公式：
> $V(X) = E(X^2) - \{E(X)\}^2$
> を使った。

$$= E((X+Y)^2) - \{E(X+Y)\}^2$$

> $E(X^2 + 2XY + Y^2)$
> $= E(X^2) + 2E(XY) + E(Y^2)$

> $\{E(X) + E(Y)\}^2$
> $= \{E(X)\}^2 + 2E(X)E(Y) + \{E(Y)\}^2$

> $(*1)$ や $(*1)'''$ を使った。

$$= E(X^2) + 2\underline{E(XY)} + E(Y^2) - \{E(X)\}^2 - 2\underline{E(X)E(Y)} - \{E(Y)\}^2$$

> $E(X) \cdot E(Y)$（$(*2)$ より）

$$= \underbrace{E(X^2) - \{E(X)\}^2}_{V(X)} + \underbrace{E(Y^2) - \{E(Y)\}^2}_{V(Y)}$$

$$= V(X) + V(Y) = (*3) \text{ の右辺} \quad \text{となるんだね。}$$

また，$(*3)$ と公式 $V(aX+b) = a^2V(X)$ を組み合わせることにより，

$$V(aX+bY) = a^2V(X) + b^2V(Y) \quad \cdots\cdots (*3)' \quad (a, \ b : \text{定数})$$

も導ける。さらに，$(*3)$，$(*3)'$ は，3 つの独立な確率変数 X，Y，Z についても拡張することができて，次の公式も導けるんだね。

$$E(XYZ) = E(X) \cdot E(Y) \cdot E(Z) \quad \cdots\cdots\cdots\cdots\cdots\cdots (*2)'$$

$$V(X+Y+Z) = V(X) + V(Y) + V(Z) \quad \cdots\cdots\cdots\cdots (*3)''$$

$$V(aX+bY+cZ) = a^2V(X) + b^2V(Y) + c^2V(Z) \quad \cdots\cdots (*3)'''$$

公式だらけで，ウンザリしたって!? そうだね。でも，役に立つ公式なので，

最後にスッキリまとめておこう。次の結果だけをシッカリ頭に入れておけ
ばいいんだよ。

■ $E(X+Y)$ や $V(X+Y)$ などの公式

（Ⅰ）3 つの確率変数 X, Y, Z について，$(a, b, c：実数定数)$

$$E(X+Y) = E(X) + E(Y) \quad \cdots\cdots\cdots\cdots\cdots\cdots\cdots (*1)$$

$$E(aX+bY) = aE(X) + bE(Y) \quad \cdots\cdots\cdots\cdots\cdots (*1)'$$

$$E(X+Y+Z) = E(X) + E(Y) + E(Z) \quad \cdots\cdots\cdots (*1)''$$

$$E(aX+bY+cZ) = aE(X) + bE(Y) + cE(Z) \quad \cdots\cdots (*1)'''$$

（Ⅱ）3 つの独立な確率変数 X, Y, Z について，$(a, b, c：実数定数)$

$$E(XY) = E(X) \cdot E(Y) \quad \cdots\cdots\cdots\cdots\cdots\cdots\cdots\cdots (*2)$$

$$E(XYZ) = E(X) \cdot E(Y) \cdot E(Z) \quad \cdots\cdots\cdots\cdots\cdots (*2)'$$

$$V(X+Y) = V(X) + V(Y) \quad \cdots\cdots\cdots\cdots\cdots\cdots\cdots (*3)$$

$$V(X+Y+Z) = V(X) + V(Y) + V(Z) \quad \cdots\cdots\cdots\cdots (*3)''$$

$$V(aX+bY+cZ) = a^2V(X) + b^2V(Y) + c^2V(Z) \quad \cdots (*3)'''$$

それでは，練習問題を解いておこう。

■ 練習問題 24 　　$E(X+Y)$, $V(X+Y)$ 　　CHECK **1**　　CHECK**2**　　CHECK**3**

3 つの独立な確率変数 X, Y, Z について，

期待値 $E(X) = 3$，$E(Y) = 5$，$E(Z) = 7$ のとき，

新たな確率変数 $3X + 2Y + Z$ の期待値 $E(3X + 2Y + Z)$ を求めよ。

また，分散 $V(X) = 4$，$V(Y) = 2$，$V(3X + 2Y + Z) = 58$ のとき，

Z の分散 $V(Z)$ を求めよ。

X, Y, Z は独立な確率変数なので，公式 $E(aX+bY+cZ) = aE(X) + bE(Y) +$
$cE(Z)$ や，$V(aX+bY+cZ) = a^2V(X) + b^2V(Y) + c^2V(Z)$ を使って解けばいい
んだね。頑張ろう！

・$E(X) = 3$，$E(Y) = 5$，$E(Z) = 7$ より，

$$E(3X + 2Y + Z) = 3\underset{③}{E(X)} + 2\underset{⑤}{E(Y)} + \underset{⑦}{E(Z)} = 9 + 10 + 7 = 26$$

と，アッサリ答えが導ける。超簡単だね。

102

・X, Y, Z は独立な確率変数なので

$V(X) = 4$, $V(Y) = 2$, $V(3X + 2Y + Z) = 58$ より,

$V(3X + 2Y + Z) = 3^2 \cdot V(X) + 2^2 \cdot V(Y) + V(Z) = 58$ となる。

よって, $9 \times 4 + 4 \times 2 + V(Z) = 58$ より,

$V(Z) = 58 - 36 - 8 = 14$ となって答えだ! 大丈夫だった?

● **二項分布の $E(X)$, $V(X)$ はすぐ求まる!**

では次, 新たなテーマ "**二項分布**" について解説しよう。二項分布とは

"**反復試行の確率**" $P_r = {}_nC_r p^r q^{n-r}$ $(r = 0, 1, 2, \cdots, n)$ の r を確率変数

X とおいて得られる確率分布のことなんだね。反復試行の確率は数学 A

で既に習っている人もいると思うけれど, ここで, もう 1 度復習しておこう。

a 君はサッカーで, 1 回シュートして成功する確率は $\dfrac{1}{3}$ であるとする。

a 君が 5 回シュートして, その内 2 回だけ成功する確率を求めてみよう。

まず, 成功する確率を p とおくと, $p = \dfrac{1}{3}$, 失敗する確率を q とおくと,

$q = 1 - p = 1 - \dfrac{1}{3} = \dfrac{2}{3}$ となるのはいいね。よって, 5 回中 2 回だけ成功す

る確率を

$\underbrace{p \times p}_{2 \text{回成功}} \times \underbrace{q \times q \times q}_{3 \text{回失敗}} = p^2 \times q^3 = \left(\dfrac{1}{3}\right)^2 \cdot \left(\dfrac{2}{3}\right)^3 = \dfrac{8}{243}$ と求めた人, 残念ながら

間違いだ。成功を "○", 失敗を "×" で表すと, 5 回中 2 回だけ成功する場合の数は, 右図に示すように ${}_5C_2$ 通りあるわけだから, $p^2 q^3$ にこれをかけて,

					5 回中 2 回だけ○となる場合の数は ${}_5C_2$ 通りだ!
(i)	○	○	×	×	×
(ii)	○	×	○	×	×

(iii)	×	×	×	○	○

求める確率は, ${}_5C_2 p^2 q^3 = \underbrace{\dfrac{5!}{2! \cdot 3!}}_{10} \times \dfrac{8}{243} = \dfrac{80}{243}$ となるんだね。

このように, 独立な同じ試行を繰り返し行うことを "**反復試行**" という。

"**反復試行の確率**" の求め方をもう 1 度次にまとめておこう。

ある試行を 1 回行って，事象 A の起こる確率を p とおく。

この試行を n 回行って，その内 r 回だけ事象 A の起こる確率を P_r

とおくと

$\quad P_r = {}_nC_r p^r q^{n-r} \quad (r = 0, 1, 2, \cdots, n) \quad$ となる。

$\Big($ ここで，$p = P(A)$, $\underline{q = P(\overline{A})} = 1 - p$, $p + q = 1\Big)$

> これは，A の起こらない余事象の確率のことだ。

そして確率変数 X を $X = r = 0, 1, 2, \cdots, n$ とおき，これらに対応する確率を

$P_0 = {}_nC_0 p^0 q^n, P_1 = {}_nC_1 p^1 q^{n-1}, P_2 = {}_nC_2 p^2 q^{n-2}, \cdots, P_n = {}_nC_n p^n q^0$ とおくと，

（下線 ①，①）

これが "**二項分布**" と呼ばれる確率分布のことで，一般には $B(n, p)$ で表す。

エッ，なんで二項分布を $B(n, p)$

で表すのかって？ $\underline{\underline{B}}$ は英語の

$\underline{\underline{binomial\ distribution}}$

（ 二項分布 ）の頭文字なんだ。

二項分布の確率分布表

変数 X	0	1	2	$\cdots$	n
確率 P_r	${}_nC_0 q^n$	${}_nC_1 p q^{n-1}$	${}_nC_2 p^2 q^{n-2}$	$\cdots$	${}_nC_n p^n$
	P_0	P_1	P_2		P_n

そして，この分布は n と p の値さえ与えられれば，確率変数 $X = r = 0, 1, 2,$

$\cdots$, n に対して，確率 $P_r = {}_nC_r p^r \boxed{q}^{n-r} \ (r = 0, 1, 2, \cdots, n)$ が，各 r に対して，

（ $q = 1 - p$ ）

すべて決まってしまうからなんだね。納得いった？

エッ，"**二項分布**" って "**二項定理**" と何か関係あるのかって？ 大い

にあるよ。二項定理では

$(a + b)^n = {}_nC_0 a^n + {}_nC_1 a^{n-1} b + {}_nC_2 a^{n-2} b^2 + \cdots + {}_nC_n b^n$ となるんだったね。

これと同様に，P_0 から P_n までの和を求めてみると

$P_0 + P_1 + P_2 + \cdots + P_n = {}_nC_0 q^n + {}_nC_1 q^{n-1} p + {}_nC_2 q^{n-2} p^2 + \cdots + {}_nC_n p^n$

$\qquad = (q + p)^n = 1^n = 1$ （ 全確率 ）となって全確率 **1** が導けるんだね。

（ $p + q = 1$ ）

そして，この二項分布 $B(n, p)$ の最大の特徴は，この二項分布の期待値 $E(X)$，分散 $V(X)$，標準偏差 $D(X)$ を，これまでのような Σ 計算を使わなくても，アッという間に計算できる便利な公式があるってことなんだ。

その公式を次に示すから，まず，シッカリ頭に入れてくれ。

二項分布の $E(X)$, $V(X)$, $D(X)$

二項分布 $B(n, p)$ の期待値 $E(X)$，分散 $V(X)$，標準偏差 $D(X)$ は次の式で求められる。

(1) 期待値 $E(X) = m = np$　　　　(2) 分散 $V(X) = \sigma^2 = npq$

(3) 標準偏差 $D(X) = \sigma = \sqrt{npq}$

したがって，先程の a 君が 5 回シュートをする例を使うと，$n = 5$ 回中成功する回数を確率変数 X とおくと，$X = 0, 1, 2, 3, 4, 5$ だね。そして，1 回のシュートで成功する確率は $p = \dfrac{1}{3}$，失敗する確率は $q = \dfrac{2}{3}$ より，X は，二項分布 $B\left(5, \dfrac{1}{3}\right)$ にしたがうことになるんだね。よって，X の期待値 $E(X)$，分散 $V(X)$，標準偏差 $D(X)$ は，

$$E(X) = np = 5 \times \frac{1}{3} = \frac{5}{3} \qquad V(X) = npq = 5 \times \frac{1}{3} \times \frac{2}{3} = \frac{10}{9}$$

$D(X) = \sqrt{V(X)} = \sqrt{\dfrac{10}{9}} = \dfrac{\sqrt{10}}{3}$ とアッサリ求まってしまうんだね。

これを，従来の求め方でやると次のようになる。まず，二項分布 $B\left(5, \dfrac{1}{3}\right)$ の確率分布表を作ると次のようになるね。

二項分布 $B\left(5, \dfrac{1}{3}\right)$ の確率分布表

変数 X	0	1	2	3	4	5
確率 P_r	$\dfrac{32}{243}$	$\dfrac{80}{243}$	$\dfrac{80}{243}$	$\dfrac{40}{243}$	$\dfrac{10}{243}$	$\dfrac{1}{243}$

$$\begin{array}{l} {}_5C_0 q^5 = q^5 \\ = \left(\dfrac{2}{3}\right)^5 \end{array} \quad \begin{array}{l} {}_5C_1 p^1 q^4 = 5pq^4 \\ = 5 \cdot \dfrac{1}{3} \cdot \left(\dfrac{2}{3}\right)^4 \end{array} \quad \begin{array}{l} {}_5C_2 p^2 q^3 = 10p^2 q^3 \\ = 10 \cdot \left(\dfrac{1}{3}\right)^2 \cdot \left(\dfrac{2}{3}\right)^3 \end{array} \quad \begin{array}{l} {}_5C_3 p^3 q^2 = 10p^3 q^2 \\ = 10 \cdot \left(\dfrac{1}{3}\right)^3 \cdot \left(\dfrac{2}{3}\right)^2 \end{array} \quad \begin{array}{l} {}_5C_4 p^4 q^1 = 5p^4 q^1 \\ = 5 \cdot \left(\dfrac{1}{3}\right)^4 \cdot \dfrac{2}{3} \end{array} \quad \begin{array}{l} {}_5C_5 p^5 = p^5 \\ = \left(\dfrac{1}{3}\right)^5 \end{array}$$

これを基に期待値 $E(X)$ を求めると，

$$E(X) = 0 \times \frac{32}{243} + 1 \times \frac{80}{243} + 2 \times \frac{80}{243} + \cdots + 5 \times \frac{1}{243} = \frac{5}{3} \quad となり,$$

分散 $V(X)$ は公式 $V(X) = E(X^2) - \{E(X)\}^2$ を使うことにより,

$$V(X) = 0^2 \times \frac{32}{243} + 1^2 \times \frac{80}{243} + 2^2 \times \frac{80}{243} + \cdots + 5^2 \times \frac{1}{243} - \left(\frac{5}{3}\right)^2$$

$$= \frac{10}{9} \quad と求めることができる。$$

（上の式中に手書きで $\boxed{\left(\frac{5}{3}\right)^2}$ と書き込みあり）

後は,この正の平方根をとって,標準偏差 $D(X)$ が求められるわけだけれど,このようにかなりメンドウな計算をしないといけないんだね。これに対して,二項分布 $B(n, p)$ の $E(X)$, $V(X)$, $D(X)$ を求める公式を使えば $E(X) = np$, $V(X) = npq$, $D(X) = \sqrt{npq}$ とアッという間に求められるわけだから,その威力を十分に分かってもらえたと思う。この証明は省くけれど,便利な公式として使いこなしていってくれたらいいんだよ。

　ではここで,練習問題を1題解いておこう。

■ **練習問題 25**	二項分布	CHECK *1*	CHECK *2*	CHECK *3*

あるゲームを1回行って勝つ確率が p の人がいる。この人が n 回ゲームを行ってその内 r 回だけ勝つ確率を P_r とおく。ここで,確率変数 $X = r$ $(r = 0, 1, \cdots, n)$ とおいたとき,X の期待値 $E(X) = 4$,分散 $V(X) = \frac{4}{3}$ であった。このとき,n, p の値および確率 P_r $(r = 0, 1, \cdots, n)$ を求めよ。

X は,二項分布 $B(n, p)$ の確率変数なので,この期待値 $E(X) = np = 4$,分散 $V(X) = npq = \frac{4}{3}$ となる。これから n, p, q の値を求め,反復試行の確率 $P_r = {}_n C_r p^r q^{n-r}$ を求めればいいんだね。頑張ろう！

この確率変数 X は,二項分布 $B(n, p)$ に従うので,その期待値 $E(X)$ と分散 $V(X)$ は,

$$\begin{cases} E(X) = \boxed{np = 4} & \cdots\cdots ① \\ V(X) = \boxed{npq = \dfrac{4}{3}} & \cdots\cdots ② \quad (p+q=1) \end{cases}$$

①を②に代入すると，$4q = \dfrac{4}{3}$ $\quad \therefore q = \dfrac{4}{3} \times \dfrac{1}{4} = \dfrac{1}{3}$

よって，$p = 1 - q = 1 - \dfrac{1}{3} = \dfrac{2}{3}$ となる。

これを①に代入して，$n \cdot \dfrac{2}{3} = 4$ $\quad \therefore n = 4 \times \dfrac{3}{2} = 6$

以上より，$n = 6$，$p = \dfrac{2}{3}$ $\left(q = \dfrac{1}{3} \right)$ となる。

よって，求める確率 P_r は，反復試行の確率より

$$P_r = {}_n\mathrm{C}_r p^r q^{n-r} = {}_6\mathrm{C}_r \left(\dfrac{2}{3} \right)^r \cdot \left(\dfrac{1}{3} \right)^{6-r} \quad (r = 0, \ 1, \ 2, \ \cdots, \ 6) \text{ となる。}$$

これで，"**二項分布**"と"**反復試行の確率**"にも自信が付いただろう？

　以上で，今日の講義は終了です。同時確率分布や二項分布 $B(n, \ p)$ など，内容満載だったから疲れたって!? そうだね…，かなり骨のある内容だったからね。でも，最終的な結果は，$E(aX + bY) = aE(X) + bE(Y)$ とか，$B(n, \ p)$ の期待値 $E(X) = np$ とか，非常にシンプルなものばかりだから，あまり気負い過ぎずに，ウマク公式を利用していこうという心がけでいいと思う。「公式は便利な道具と考えて，まずドンドン使う！」ってことだね。

　それでは，次回は"**連続型の確率変数**"と"**正規分布**"について詳しく教えよう。レベルは上がるけれど，また分かりやすく教えるから，次回も楽しみにしてくれ。

　それでは，次回の講義まで，みんな元気でな…。バイバイ！

おはよう！　みんな元気か？今日で“**確率分布**”の講義も **3** 回目になるね。今日教える主なテーマは“**連続型確率変数**”と“**確率密度**”，それに“**正規分布**”と“**標準正規分布**”だ。エッ，言葉が難しすぎるって？そうだね。確率分布で出てくる用語って，確かに難解な感じがするね。でも，これらも **1** つ **1** つていねいに解説するから，心配しなくていいよ。

● 連続型確率変数って，何だろう!?

一般に，確率変数には，“**離散型**”のものと，“**連続型**”のものの **2** 種類があるんだよ。“**離散型の確率変数**”とは，たとえば $X = 1, 2, 3, 4, 5$ のように，飛び飛びの値をとる確率変数のことで，前回まで勉強した確率分布の確率変数はすべてこの型のものだったんだ。これに対して，“**連続型の確率変数**”の確率分布もあるんだよ。この場合，たとえば，$1 \leq X \leq 5$ の範囲のように，確率変数 X は連続的に自由に値をとることができる。

具体例で，この“**離散型**”と“**連続型**”の確率変数の確率分布を教えよう。まず，離散型の確率変数 X と，その確率分布の具体例を図 **1** に示そう。図 **1**（ⅰ）のように針が数直線上の **5** つの点 $1, 2, 3, 4, 5$ のみを，カチ，カチ，…と等確率で指す場合を考えよう。このときの確率変数を X とおくと，$X = 1, 2, 3, 4, 5$ となり，それぞれの値をとる確率はどれも等しいので，$X = k$（$k = 1, 2, 3, 4, 5$）となる確率を $P(X = k)$ とおくと，

$$P(X = k) = \frac{1}{5} \quad (k = 1, 2, 3, 4, 5)$$

となる。この式は具体的には，$P(X = 1) = \frac{1}{5}$，$P(X = 2) = \frac{1}{5}$，…，$P(X = 5) = \frac{1}{5}$ を意味しているるんだね。よって，この確率分布のグラフは，図 **1**（ⅱ）のようになる。ここで，この $P(X = k)$ のことを“**確率関数**”と呼ぶ。次に図 **2** で

図 1　離散型の確率分布の例

（ⅰ）離散型の確率変数
　　$X = 1, 2, 3, 4, 5$

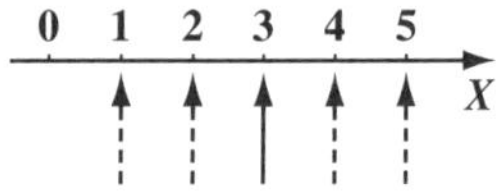

| 0 | 1 | 2 | 3 | 4 | 5 |

X

カチ，カチ…と，針が等確率で **1, 2, 3, 4, 5** のいずれかを指す。

表される数直線上を，$1 \leqq X \leqq 5$ の範囲の値を自由に連続的に指すことのできる針があったとする。しかも，この針は，スイスイと動いてこの範囲内のすべての点を同様に確からしく無作為に指すことができるものとする。

このとき，針の指す座標を x とおくと，X が "連続型の確率変数" で，x はその "実現値_{じつげん}" ということになる。

つまり，$X = x$ $(1 \leqq x \leqq 5)$ と表す。

連続型の 確率変数

実現値 (X が具体的に取る値のこと)
たとえば，1, $\sqrt{2}$, $\dfrac{7}{2}$, $2\sqrt{3}$, …など

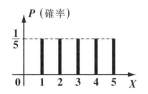

(ⅱ) 確率分布

図2　連続型の確率変数の例
$1 \leqq X \leqq 5$

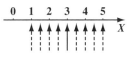

このとき，図2に示すように，$X = 3$ となる確率が，どうなるか分かる？ …… 実現値 x が 3 だ。

スイスイと針が $1 \leqq X \leqq 5$ の範囲の値を自由に連続的に動いて指す。

難しい？ じゃ，ヒントをあげよう。$1 \leqq X \leqq 5$ の範囲に，針が連続的に指せる点は無限 (∞) にあるよ。だから，……，そうだね。$X = 3$ となる確率 $P(X = 3) = \dfrac{1}{\infty} = 0$ が正解だ。これは，$X = 3$ に限らず，$X = \sqrt{2}$, $\dfrac{5}{2}$, 3.18, 4，……などなど，その値になる確率もすべて 0 になるんだね。エッ，じゃ，連続型の変数の場合，確率分布にならないじゃないかって？ 確かに，連続型の確率変数 X の場合，これがある値をとる確率はすべて 0 だ。でも，図3に示すように，たとえば X が $2 \leqq X \leqq 3$ のようにある値の範囲をとる確率 $P(2 \leqq X \leqq 3)$ ならば，0 ではないね。この確率はどうなる？ …… そうだね。針は $1 \leqq X \leqq 5$ の範囲をどこも同様に確からしく指すわけだから，線分の長さに比例して，

図3

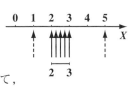

$$P(2 \leqq X \leqq 3) = \dfrac{1}{4}$$

これは，線分の比のイメージ

となるんだね。

ここで，$X = 2$ や $X = 3$ となる確率は当然 $P(X = 2) = P(X = 3) = 0$ だから，$X = 2$ や $X = 3$ の端点は含んでも，含まなくても同じ確率になる。つまり，

$$P(2 \leq X \leq 3) = P(2 < X \leq 3) = P(2 \leq X < 3) = P(2 < X < 3) = \frac{1}{4}$$

となることも，連続型の確率変数の確率の特徴だ。

一般に，連続型の確率変数 X の確率計算では，確率変数 X が $a \leq X \leq b$ の範囲に入る確率 $P(a \leq X \leq b)$ を，$P(a \leq X \leq b) = \int_a^b f(x)dx$ の定積分の形で表す。

> これだと，$X = a$ となる確率は $P(X = a) = P(a \leq X \leq a) = \int_a^a f(x)dx = 0$ となって，X がある値をとる確率が 0 の条件もみたすんだね。

エッ，被積分関数の $f(x)$ って，何なのかって？ この $f(x)$ は，"確率密度" と呼ばれるもので，連続型の確率変数 X の確率計算に中心的な役割を果たす関数なんだよ。ここで，注意点が 1 つ。これまで，確率変数 X の実現値，すなわち，X がとる具体的な値のことを x と表すと言ってきたね。つまり，実現値 x は，定数と考えてよかったんだ。でも，確率密度 $f(x)$ の x に関しては，これを変数として扱い，$a \leq x \leq b$ での x の定積分の形で，確率 $P(a \leq X \leq b)$ を求めるということも，覚えておこう。

それじゃ，もう 1 度，話を具体例に戻そう。図 2 や図 3 で表される例における，確率密度 $f(x)$ を実際に求めてみよう。この場合，確率変数 X が，$1 \leq X \leq 5$ の範囲に入る確率が全確率 1 になるわけだから，

$$P(1 \leq X \leq 5) = \int_1^5 f(x)dx = 1 \quad (\text{全確率}) \cdots\cdots① \quad \text{となる。}$$

さらに，この範囲内のどの点に対しても，針は同様に確からしく指すので，今回の確率密度 $f(x)$ は，$1 \leq x \leq 5$ の範囲で一定の定数関数になるはずだ。よって，$f(x) = C \cdots\cdots② (C：定数)$ とおける。

②を①に代入すると，

$$\int_1^5 \underbrace{C}_{f(x)} \, dx = 1 \qquad \overbrace{[Cx]_1^5 = 1}^{\text{定積分した}}$$

110

$$C(5-1) = 1 \qquad 4C = 1$$

$$\therefore C = \frac{1}{4} \quad となるので,$$

今回の確率密度 $f(x)$ は,図 **4** に示すように,

$$f(x) = \begin{cases} \dfrac{1}{4} & (1 \leqq x \leqq 5 \text{ のとき}) \\ 0 & (x < 1,\ 5 < x \text{ のとき}) \end{cases} \quad となる。$$

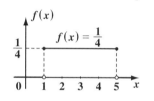

図 **4** 確率密度 $f(x) = \dfrac{1}{4}$

このように,連続型の確率変数においては,**"確率関数"** ではなくて,**"確率密度"** $f(x)$ が確率分布を表すんだよ。

そして,いったん確率密度 $f(x)$ が求まると,たとえば,$2 \leqq X \leqq 4$ となる確率 $P(2 \leqq X \leqq 4)$ は,定積分により,

$$P(2 \leqq X \leqq 4) = \int_2^4 \boxed{f(x)}\,dx$$

$$= \frac{1}{4}[x]_2^4 = \frac{1}{4}(4-2) = \frac{1}{2} \quad と,求まるんだね。$$

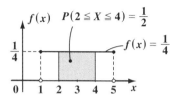

図 **5** 確率密度 $f(x)$ と確率

図 **5** に示すように,この確率は,$2 \leqq x \leqq 4$ の範囲で,$y = f(x) = \dfrac{1}{4}$ と x 軸とで挟まれる網目部分の面積に等しいんだね。

それでは,連続型確率変数と確率密度について,下にまとめて示すよ。

連続型確率変数 X と確率密度 $f(x)$

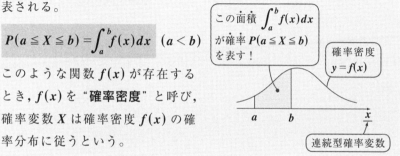

連続型確率変数 X が $a \leqq X \leqq b$ となる確率 $P(a \leqq X \leqq b)$ は次式で表される。

$$P(a \leqq X \leqq b) = \int_a^b f(x)\,dx \quad (a < b)$$

このような関数 $f(x)$ が存在するとき,$f(x)$ を **"確率密度"** と呼び,確率変数 X は確率密度 $f(x)$ の確率分布に従うという。

この面積 $\displaystyle\int_a^b f(x)dx$ が確率 $P(a \leqq X \leqq b)$ を表す!

確率密度 $y = f(x)$

連続型確率変数

このように、連続型の確率変数 X の場合、X が、$a \leqq X \leqq b$ の範囲に存在する確率は、この範囲で、$y = f(x)$ と x 軸とで挟まれる部分の面積で表されるんだね。面白いだろう？

では、ここで、連続型確率変数の確率分布の **4** つの性質を次に示そう。

連続型確率分布の性質

（i）$P(X = a) = 0$ 　　（ii）$f(x) \geqq 0$ 　　（iii）$\displaystyle\int_{-\infty}^{\infty} f(x)\,dx = 1$ （全確率）

$x = a$ となる
確率は **0**

$X = a,\ X = b$ となる
確率は **0** なので、等
号はあってもなくて
も同じになる。

（iv）$\displaystyle\int_{a}^{b} f(x)\,dx = P(a \leqq X \leqq b) = P(a < X \leqq b)$

　　　　　$= P(a \leqq X < b) = P(a < X < b)$

（i）はいいね。（ii）については、もし $f(x) < 0$ となる部分があれば、その区間での定積分は $\ominus$ となって、負の確率が計算されることになって、明らかに矛盾する。よって、すべての x に対して確率密度 $f(x) \geqq 0$ の条件が付く。（iii）の $\displaystyle\int_{-\infty}^{\infty} f(x)\,dx = 1$（全確率）となる条件は、離散型の確率変数の確率のすべての和が **1** となる、すなわち $\displaystyle\sum_{k=1}^{n} P_k = 1$（全確率）の条件と同じものなんだね。（iv）の条件は、$X = a$ や $X = b$ となる確率が **0** だから、当然の性質だね。

さァ、それでは、次の練習問題で、確率密度 $f(x)$ を決定してごらん。ポイントは、（iii）の性質 $\displaystyle\int_{-\infty}^{\infty} f(x)\,dx = 1$ だよ。

練習問題 26 　確率密度 $f(x)$ 　　CHECK **1** 　CHECK **2** 　CHECK **3**

連続型の確率変数 X が、確率密度 $f(x) = \begin{cases} ax & (0 \leqq x \leqq 2 \text{ のとき}) \\ 0 & (x < 0,\ 2 < x \text{ のとき}) \end{cases}$

の確率分布に従うとき、a の値を求めよ。また、確率 $P(-1 \leqq X \leqq 1)$ を求めよ。

$\displaystyle\int_{-\infty}^{\infty} f(x)\,dx = 1$（全確率）の条件から、$a$ の値が分かる。また、確率 $P(-1 \leqq X \leqq 1)$ は $\displaystyle\int_{-1}^{1} f(x)\,dx$ として計算できるんだね。さァ、頑張ろう！

確率密度 $f(x) = \begin{cases} ax & (0 \le x \le 2) \\ 0 & (x < 0, \ 2 < x) \end{cases}$

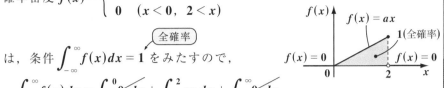

は，条件 $\displaystyle\int_{-\infty}^{\infty} f(x)dx = 1$ 【全確率】をみたすので，

$$\int_{-\infty}^{\infty} f(x)dx = \underbrace{\int_{-\infty}^{0} 0 \, dx}_{\text{⓪}} + \int_{0}^{2} ax \, dx + \underbrace{\int_{2}^{\infty} 0 \, dx}_{\text{⓪}}$$

> $0 \le x \le 2$ のとき $f(x) = ax$ で，それ以外では $f(x) = 0$ なので，結局この定積分のみが残る。

$$= a\int_{0}^{2} x \, dx = a\left[\frac{1}{2}x^2\right]_{0}^{2} = \frac{a}{2}(2^2 - 0^2)$$

> $\displaystyle\int x \, dx = \frac{1}{2}x^2 + C$ だからね。

$$= \boxed{2a = 1} \ (\text{全確率})$$

$\therefore a = \dfrac{1}{2}$ となる。これから，

$f(x) = \begin{cases} \dfrac{1}{2}x & (0 \le x \le 2) \\ 0 & (x < 0, \ 2 < x) \end{cases}$

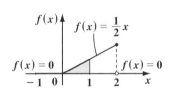

が分かったので，確率 $P(-1 \le X \le 1)$ は，

$$P(-1 \le X \le 1) = \int_{-1}^{1} f(x)dx$$

$$= \underbrace{\int_{-1}^{0} 0 \, dx}_{\text{⓪}} + \int_{0}^{1} \frac{1}{2}x \, dx$$

> この確率密度 $f(x)$ から，$-1 \le x \le 0$ のとき $f(x) = 0$，だから，$-1 \le X \le 0$ となる確率 $P(-1 \le X \le 0) = 0$ となるのが分かるね。

$$= \frac{1}{2}\left[\frac{1}{2}x^2\right]_{0}^{1} = \frac{1}{4}\left[x^2\right]_{0}^{1} = \frac{1}{4}(1^2 - 0^2) = \frac{1}{4} \quad \text{となって答えだ。}$$

大丈夫だった？面白かっただろう？

● 連続型確率分布の期待値と分散を求めよう！

それでは次，確率密度 $f(x)$ に従う確率変数 X の期待値 (平均) $m = E(X)$，分散 $\sigma^2 = V(X)$，標準偏差 $\sigma = D(X)$ の求め方を示そう。エッ，難しそうだって？ そうでもないよ。これらの値を，離散型の確率変数では $\overset{\cdots}{\Sigma}$ 計算で求めたけれど，連続型の確率変数の場合は，定積分で求めることになるんだ。その公式を下にまとめて示そう。

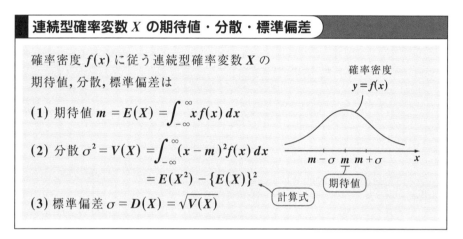

連続型確率変数 X の期待値・分散・標準偏差

確率密度 $f(x)$ に従う連続型確率変数 X の
期待値，分散，標準偏差は

(1) 期待値 $m = E(X) = \displaystyle\int_{-\infty}^{\infty} x f(x)\, dx$

(2) 分散 $\sigma^2 = V(X) = \displaystyle\int_{-\infty}^{\infty} (x - m)^2 f(x)\, dx$

$= E(X^2) - \{E(X)\}^2$ ← 計算式

(3) 標準偏差 $\sigma = D(X) = \sqrt{V(X)}$

確率密度
$y = f(x)$

$m - \sigma$　m　$m + \sigma$　x

期待値

(1) 連続型確率変数の期待値の公式　$m = E(X) = \displaystyle\int_{-\infty}^{\infty} x f(x) dx$　を離散型の期待値の公式　$E(X) = \displaystyle\sum_{k=1}^{n} x_k P_k$　と比較すると，(i) $\displaystyle\int_{-\infty}^{\infty}$ と $\displaystyle\sum_{k=1}^{n}$ が，(ii) x と x_k が，そして，(iii) $f(x)dx$ と P_k がキレイに対応しているのが分かると思う。ここで，E の記号法も，離散型のときと同様に，たとえば，$E(Y) = \displaystyle\int_{-\infty}^{\infty} y f(y) dy$ や $E(X^2) = \displaystyle\int_{-\infty}^{\infty} x^2 f(x) dx$ などとなる。

(2) だから，分散の公式も定義式：

$\sigma^2 = V(X) = E\big((X - m)^2\big) = \displaystyle\int_{-\infty}^{\infty} (x - m)^2 f(x) dx$ を変形して，計算式

$E(X^2) - \{E(X)\}^2$ を導くこともできる。これも，離散型のときと同様だね。

114

$$分散\ \sigma^2 = V(X) = E\big((X-m)^2\big) = \int_{-\infty}^{\infty}(x-m)^2 f(x)dx \leftarrow \boxed{\text{これが定義式だ!}}$$

$$\underbrace{(x^2 - 2mx + m^2)}$$

$$= \int_{-\infty}^{\infty}\overbrace{(x^2 - 2mx + m^2)}f(x)dx$$

$$= \underbrace{\int_{-\infty}^{\infty}x^2 f(x)dx}_{E(X^2)} - 2m\underbrace{\int_{-\infty}^{\infty}x f(x)dx}_{m\,=\,E(X)} + m^2\underbrace{\int_{-\infty}^{\infty}f(x)dx}_{1\,(全確率)}$$

$$= \underset{=\!=}{E(X^2) - 2m \cdot m + m^2}$$

$$\boxed{-2m^2 + m^2 = -m^2 = -\{E(X)\}^2}$$

$$= E(X^2) - \{E(X)\}^2 \leftarrow \boxed{\text{これは,計算式だ!}}$$

と,分散の計算式が導けた! 納得いった?

(3) そして,標準偏差 $\sigma = D(X)$ は,分散 $V(X)$ の正の平方根をとるだけなので,

$$\sigma = D(X) = \sqrt{V(X)} \quad \text{と求まるんだね。}$$

エッ,公式は分かったので,実際に計算してみたいって? いいよ,次の練習問題を解いてみるといい。

練習問題 27 　連続型確率変数の $E(X),\ V(X),\ D(X)$ 　　CHECK *1* 　CHECK *2* 　CHECK *3*

確率密度 $f(x) = \begin{cases} \dfrac{1}{2}x & (0 \leqq x \leqq 2\ \text{のとき}) \\ 0 & (x < 0,\ 2 < x\ \text{のとき}) \end{cases}$ 　に従う確率変数 X の

期待値 $E(X)$,分散 $V(X)$,標準偏差 $D(X)$ を求めよ。

この確率密度 $f(x)$ は,練習問題 26 で求めたものだね。後は公式通り,期待値 $E(X)$ $= \displaystyle\int_{-\infty}^{\infty}x f(x)dx$,分散 $V(X) = E(X^2) - \{E(X)\}^2$,標準偏差 $D(X) = \sqrt{V(X)}$ を求めればいいよ。頑張ろう!

確率密度 $f(x) = \begin{cases} \dfrac{1}{2}x & (0 \leqq x \leqq 2) \\ 0 & (x < 0,\ 2 < x) \end{cases}$

に従う確率変数 X の期待値,分散,標準偏差を求めると,

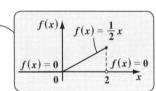

（ ⅰ ）期待値 $m = E(X) = \displaystyle\int_{-\infty}^{\infty} x f(x) dx$

$$= \underbrace{\int_{-\infty}^{0} x \cdot 0 \ dx}_{\textcircled{0}} + \int_{0}^{2} x \cdot \frac{1}{2} x \ dx + \underbrace{\int_{2}^{\infty} x \cdot 0 \ dx}_{\textcircled{0}}$$

$$= \frac{1}{2} \int_{0}^{2} x^2 \, dx = \frac{1}{2} \left[\frac{1}{3} x^3 \right]_{0}^{2} = \frac{1}{6} \left[x^3 \right]_{0}^{2}$$

$$= \frac{1}{6} (2^3 - 0^3) = \frac{8}{6} = \frac{4}{3} \quad \text{となる。}$$

（ ⅱ ）分散 $\sigma^2 = V(X) = \underbrace{E(X^2)}_{\displaystyle\int_{-\infty}^{\infty} x^2 f(x) dx} - \underbrace{m^2}_{\left(\frac{4}{3}\right)^2}$

$$= \int_{-\infty}^{\infty} x^2 f(x) dx - \frac{16}{9}$$

$$= \underbrace{\int_{-\infty}^{0} x^2 \cdot 0 \ dx + \int_{0}^{2} x^2 \cdot \frac{1}{2} x \ dx + \int_{2}^{\infty} x^2 \cdot 0 \ dx}$$

> $\displaystyle\int x^3 dx = \frac{1}{4} x^4 + C$
> を使った。

$$= \frac{1}{2} \int_{0}^{2} x^3 \, dx - \frac{16}{9} = \frac{1}{2} \left[\frac{1}{4} x^4 \right]_{0}^{2} - \frac{16}{9}$$

$$= \frac{1}{8} \left[x^4 \right]_{0}^{2} - \frac{16}{9} = \frac{1}{8} (2^4 - 0^4) - \frac{16}{9}$$

$$= \frac{16}{8} - \frac{16}{9} = 2 - \frac{16}{9} = \frac{18 - 16}{9} = \frac{2}{9} \quad \text{となる。}$$

（ ⅲ ）標準偏差 $\sigma = \sqrt{V(X)} = \sqrt{\frac{2}{9}} = \frac{\sqrt{2}}{3}$ となって，答えだ！

それでは，もう 1 題，連続型確率分布の問題を解いておこう。

練習問題 28	連続型確率変数の $E(X)$, $V(X)$, $D(X)$	CHECK 1	CHECK 2	CHECK 3

連続型の確率変数 X が，確率密度 $f(x) = \begin{cases} -\dfrac{1}{4} x + a & (0 \leqq x \leqq 2) \\ 0 & (x < 0, \ 2 < x) \end{cases}$

の確率分布に従うとき，a の値を求めよ。また，変数 X の期待値 $m = E(X)$，分散 $\sigma^2 = V(X)$，標準偏差 $\sigma = D(X)$ を求めよ。

まず，$\displaystyle\int_{-\infty}^{\infty}f(x)dx=1$（全確率）の条件から，$a$ の値を求めよう。そして，期待値，分散，標準偏差は，それぞれの公式：$E(X)=\displaystyle\int_{-\infty}^{\infty}xf(x)dx$，$V(X)=\displaystyle\int_{-\infty}^{\infty}x^2f(x)dx-\{E(X)\}^2$，$D(X)=\sqrt{V(X)}$ から求めればいいんだね。頑張ろう！

確率密度 $f(x)=\begin{cases} -\dfrac{1}{4}x+a & (0\leqq x\leqq 2) \\ 0 & (x<0,\ 2<x) \end{cases}$

は，条件 $\displaystyle\int_{-\infty}^{\infty}f(x)dx=1$（全確率）をみたすので，

$\displaystyle\int_{-\infty}^{\infty}f(x)dx$

$=\underbrace{\displaystyle\int_{-\infty}^{0}0\cdot dx}_{0}+\displaystyle\int_{0}^{2}\left(-\dfrac{1}{4}x+a\right)dx+\underbrace{\displaystyle\int_{2}^{\infty}0\cdot dx}_{0}$

$=\left[-\dfrac{1}{8}x^2+ax\right]_{0}^{2}=-\dfrac{1}{8}\cdot2^2+a\cdot2-0=\boxed{2a-\dfrac{1}{2}=1}$（全確率）

$\therefore a=\dfrac{1}{2}\left(1+\dfrac{1}{2}\right)=\dfrac{3}{4}$　となる。

> これから，
> $f(x)=\begin{cases} -\dfrac{1}{4}x+\dfrac{3}{4} & (0\leqq x\leqq 2) \\ 0 & (x<0,\ 2<x) \end{cases}$
> となる。

よって，この確率密度 $f(x)$ に従う確率変数 X の期待値，分散，標準偏差を求めると，

（ⅰ）期待値 $m=E(X)=\displaystyle\int_{-\infty}^{\infty}xf(x)dx$

$=\underbrace{\displaystyle\int_{-\infty}^{0}x\cdot0\,dx}_{0}+\displaystyle\int_{0}^{2}x\left(-\dfrac{1}{4}x+\dfrac{3}{4}\right)dx+\underbrace{\displaystyle\int_{2}^{\infty}x\cdot0\,dx}_{0}$

$=\dfrac{1}{4}\displaystyle\int_{0}^{2}(-x^2+3x)dx=\dfrac{1}{4}\left[-\dfrac{1}{3}x^3+\dfrac{3}{2}x^2\right]_{0}^{2}$

$=\dfrac{1}{4}\cdot\left(-\dfrac{1}{3}\cdot2^3+\dfrac{3}{2}\cdot2^2-0\right)=\dfrac{1}{4}\left(-\dfrac{8}{3}+6\right)$

$=\dfrac{1}{4}\cdot\dfrac{18-8}{3}=\dfrac{10}{12}=\dfrac{5}{6}$　となるんだね。では次，

(ⅱ) 分散 $\sigma^2 = V(X) = \underbrace{E(X^2)}_{\displaystyle \int_{-\infty}^{\infty} x^2 f(x)dx} - \underbrace{m^2}_{\displaystyle \{E(X)\}^2 = \left(\frac{5}{6}\right)^2}$

$f(x) = \begin{cases} -\dfrac{1}{4}x + \dfrac{3}{4} & (0 \le x \le 2) \\ 0 & (x < 0,\ 2 < x) \end{cases}$

$\displaystyle = \int_{-\infty}^{\infty} x^2 f(x)dx - \frac{25}{36}$

$\displaystyle = \underbrace{\int_{-\infty}^{0} x^2 \cdot 0\, dx}_{0} + \int_{0}^{2} x^2 \left(-\frac{1}{4}x + \frac{3}{4}\right)dx + \underbrace{\int_{2}^{\infty} x^2 \cdot 0\, dx}_{0} - \frac{25}{36}$

$\displaystyle = \frac{1}{4} \int_{0}^{2} (-x^3 + 3x^2)dx - \frac{25}{36}$

$\displaystyle = \frac{1}{4}\left[-\frac{1}{4}x^4 + x^3\right]_{0}^{2} - \frac{25}{36}$

$\displaystyle \int x^3 dx = \frac{1}{4}x^4 + C$ を使った

$\displaystyle = \frac{1}{4}\left(-\frac{1}{4} \cdot 2^4 + 2^3 - 0\right) - \frac{25}{36}$

$\displaystyle = \frac{1}{4}(-4 + 8) - \frac{25}{36} = 1 - \frac{25}{36}$

$\displaystyle = \frac{36 - 25}{36} = \frac{11}{36}$ となって，分散も求まった！ そして，

(ⅲ) 標準偏差 $\sigma = D(X) = \sqrt{V(X)} = \sqrt{\dfrac{11}{36}} = \dfrac{\sqrt{11}}{6}$ となるんだね。大丈夫？

これで，連続型確率分布の計算にもずい分慣れたと思う。

● 新たな確率変数の期待値，分散も求めよう！

離散型の変数のときと同様に，連続型の確率変数 X について，これを使って新たな確率変数 Y を，$Y = aX + b$ （a, b：実数定数）と定義したとき，Y の期待値 $E(Y)$，分散 $V(Y)$，そして標準偏差 $D(Y)$ を次のように求めることができる。これらの公式も，離散型のときのものとまったく同様だから，スグにマスターできると思うよ。

Y の期待値・分散・標準偏差

$Y = aX + b$ (a, b：実数定数) により, Y を新たに定義すると,

(1) 期待値 $E(Y) = E(aX + b) = aE(X) + b$

(2) 分散 $V(Y) = V(aX + b) = a^2 V(X)$

(3) 標準偏差 $D(Y) = \sqrt{V(Y)} = \sqrt{a^2 V(X)} = |a|\sqrt{V(X)} = |a| D(X)$

(1) Y の期待値 $E(Y)$ は,

$$E(Y) = E(aX + b) = \int_{-\infty}^{\infty} \overbrace{(aX + b)} f(x) dx$$

$$= a \underbrace{\int_{-\infty}^{\infty} x f(x) dx}_{\boxed{m = E(X)}} + b \underbrace{\int_{-\infty}^{\infty} f(x) dx}_{\boxed{1 \text{ (全確率)}}} = aE(X) + b \cdot 1$$

$\therefore E(Y) = E(aX + b) = aE(X) + b$　が導かれる。

(2) $E(Y) = m'$ とおくと, 分散 $V(Y)$ は,

$$V(Y) = E\big(\underbrace{(Y}_{\boxed{aX+b}} - \underbrace{m')^2}_{\boxed{am+b \ (m = E(X))}}\big) = E\big(\{aX + b - (am + b)\}^2\big)$$

$$= E\big((aX - am)^2\big) = E\big(a^2(X - m)^2\big)$$

$$= a^2 E\big((X - m)^2\big) = a^2 V(X) \quad \therefore V(Y) = a^2 V(X) \quad \text{も導けた！}$$

(3) 標準偏差 $D(Y)$ は, $D(Y) = \sqrt{V(Y)} = \sqrt{a^2 V(X)} = |a| D(X)$　となる。

それでは, 次の練習問題で, 練習しておこう。

練習問題 29　新たな確率変数の $E(Y), V(Y), D(Y)$　CHECK 1　CHECK 2　CHECK 3

ある確率密度に従う連続型の確率変数 X の期待値 $E(X) = \dfrac{4}{3}$,

分散 $V(X) = \dfrac{2}{9}$, 標準偏差 $D(X) = \dfrac{\sqrt{2}}{3}$ がある。ここで, 新たな確率変数 Y を $Y = 3X + 2$ で定義する。このとき, Y の期待値 $E(Y)$, 分散 $V(Y)$, 標準偏差 $D(Y)$ を求めよ。

公式通り計算すればいい。スグに結果は出せるはずだ。

X を使って, 新たに Y を $Y = 3X + 2$ と定義しているので, Y の期待値,

分散，標準偏差は次のように求まる。

・期待値 $E(Y) = E(3X + 2) = 3E(X) + 2 = \cancel{3} \cdot \dfrac{4}{\cancel{3}} + 2 = 6$

・分散 $V(Y) = V(3X + 2) = 3^2 \cdot V(X) = \cancel{9} \cdot \dfrac{2}{\cancel{9}} = 2$

・標準偏差 $D(Y) = \sqrt{V(Y)} = \sqrt{2}$　　超簡単だね！大丈夫だった？

● まず，正規分布の確率密度に慣れよう！

　では，これから"正規分布(せいきぶんぷ)"の解説に入ろう。これは最も典型的な連続型の確率分布で，離散型の二項分布と関連している。

　まず，二項分布 $B(n, p)$ を表す確率分布の確率関数を $P_B(x)$ とおくと，
$P_B(x) = {}_nC_x \, p^x q^{n-x} \ (x = 0, 1, 2, \cdots, n, q = 1 - p)$ となるのは大丈夫だね。

> 反復試行の確率 ${}_nC_r p^r q^{n-r}$ の r を x とおいただけだからね。

そして，この期待値 $E(X) = np$，
分散 $V(X) = npq$ となることも
既に勉強した。

　当然，この二項分布 $B(n, p)$
の確率変数 $X = x$ は，$x = 0, 1,$
$2, \cdots, n$ の離散(りさん)型の変数なんだ

図1 二項分布 $B(n, p)$ →正規分布 $N(m, \sigma^2)$
（ⅰ）二項分布 $B(n, p)$　（ⅱ）正規分布 $N(m, \sigma^2)$

ね。でも，ここで，この n を 50，100，…と十分に大きな値にとり，x も連続型の確率変数とみなすと，図1（ⅰ）（ⅱ）に示すように，キレイなすり鉢型の"正規分布(せいきぶんぷ)"と呼ばれる確率分布に近づくことが分かっている。

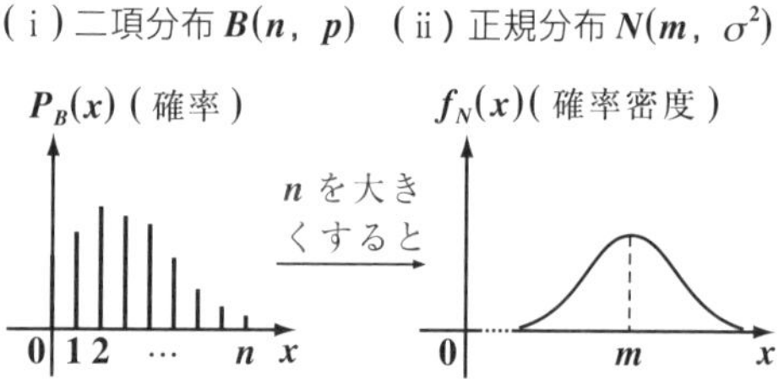

　この正規分布は連続型の確率分布だから，当然，正規分布の確率密度 $f_N(x)$ をもつ。そして，この正規分布は，期待値（平均）m と分散 σ^2 の2つの値が与えられれば，その分布が完全に決まってしまうので，一般には $N(m, \sigma^2)$ と表す。

> この $\underline{N}$ は，"*normal distribution*"（正規分布）の頭文字だ！

それでは，正規分布 $N(m, \sigma^2)$ の確率密度 $f_N(x)$ を具体的に次に示そう。

正規分布 $N(m, \sigma^2)$

正規分布 $N(m, \sigma^2)$ の確率密度 $f_N(x)$ は,

$f_N(x) = \dfrac{1}{\sqrt{2\pi}\,\sigma} e^{-\frac{(x-m)^2}{2\sigma^2}}$ であり,

(x:連続型の確率変数, $-\infty < x < \infty$)

その期待値と分散は,

$E(X) = m$, $V(X) = \sigma^2$ である。

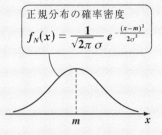

正規分布の確率密度

$f_N(x) = \dfrac{1}{\sqrt{2\pi}\,\sigma} e^{-\frac{(x-m)^2}{2\sigma^2}}$

ヒェ～,複雑すぎて,やる気なくしたって? 初めて,正規分布の確率密度 $f_N(x)$ を見た人の正直な感想だろうね。でも,身近なところでは,大人数の人がテストを受けたときの得点分布がこの正規分布に近い形になることも経験的に知られていて,偏差値と順位の関係もこれから求まるんだ。

少し,気を取り直した? よかった (^o^)

それでは,もう一度,正規分布の確率密度 $f_N(x)$ を書いてみると,

$f_N(x) = \dfrac{1}{\sqrt{2\pi}\,\sigma} e^{-\frac{(x-m)^2}{2\sigma^2}}$ で,π は円周率,e はネイピア数 (約 2.72 の定数),

x は,$-\infty < x < \infty$ の範囲を動く連続型の確率変数だから,結局,平均 m の値と,分散 σ^2 (または標準偏差 σ) の値が分かれば,完全に確率密度が決定されるんだね。ネイピア数 $e (\fallingdotseq 2.72)$ については,微分・積分で非常に重要な定数なんだけど,ここでは,円周率 $\pi (\fallingdotseq 3.14)$ と同様に約 2.72 の定数と覚えておいてくれたら十分だ。では,正規分布 $N(m, \sigma^2)$ の練習をやってみよう!

練習問題 30	正規分布 $N(m, \sigma^2)$	CHECK 1	CHECK 2	CHECK 3

次の正規分布 $N(m, \sigma^2)$ の確率密度 $f_N(x)$ を求めよ。

(1) $N(20, 2)$　　　　(2) $N\left(15, \dfrac{1}{2}\right)$

正規分布 $N(m, \sigma^2)$ の確率密度 $f_N(x) = \dfrac{1}{\sqrt{2\pi}\,\sigma} e^{-\frac{(x-m)^2}{2\sigma^2}}$ であることから,これに,m や $\sigma^2 (\sigma)$ の値を代入していけばいいんだね。

(1) 正規分布 $N(\underset{\boxed{m}}{20}, \underset{\boxed{\sigma^2}}{2})$ より，平均 $m=20$，分散 $\sigma^2=2$（標準偏差 $\sigma=\sqrt{2}$）

であることが分かるので，この確率密度 $f_N(x)$ は，

$$f_N(x) = \frac{1}{\sqrt{2\pi}\,\underset{\boxed{\sigma}}{\boxed{\sqrt{2}}}}\, e^{-\frac{(x-\overset{\boxed{m}}{\boxed{20}})^2}{2\cdot\underset{\boxed{\sigma^2}}{\boxed{2}}}} = \frac{1}{2\sqrt{\pi}}\, e^{-\frac{(x-20)^2}{4}} \quad \text{となる。}$$

(2) 正規分布 $N\left(\underset{\boxed{m}}{15}, \underset{\boxed{\sigma^2}}{\frac{1}{2}}\right)$ より，平均 $m=15$，分散 $\sigma^2=\frac{1}{2}$（標準偏差 $\sigma=\frac{1}{\sqrt{2}}$）

であることが分かるので，この確率密度 $f_N(x)$ は，

$$f_N(x) = \frac{1}{\sqrt{2\pi}\,\underset{\boxed{\sigma}}{\boxed{\frac{1}{\sqrt{2}}}}}\, e^{-\frac{(x-\overset{\boxed{m}}{\boxed{15}})^2}{2\cdot\underset{\boxed{\sigma^2}}{\boxed{\frac{1}{2}}}}} = \frac{1}{\sqrt{\pi}}\, e^{-(x-15)^2} \quad \text{となる。}$$

初め複雑そうに見えた正規分布の確率密度も，このように具体的に求めてみると，なじみがもてるようになってきただろう。

正規分布 $N(m, \sigma^2)$ の確率密度 $f_N(x)$ は，$x=m$ に関して左右対称なグラフで，しかも，m の値を中心に $\pm\sigma$ の範囲に変数 x が入る確率，すなわち $P(m-\sigma \leqq X \leqq m+\sigma)$ が約 0.68（68％）であることも分かっている。だから，練習問題 30 の **(1)** $N(20, 2)$ と，**(2)** $N\left(15, \frac{1}{2}\right)$ の正規分布の確率密度のグラフは，それぞれ図 2（ⅰ），（ⅱ）のようになるのが分かると思う。このように，正規分布といっ

図 2　正規分布のグラフ

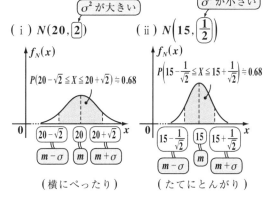

ても，平均 m の値によって左右に動き，また，分散 σ^2（または標準偏差 σ）

122

の値によって，横に平べったくなったり，たてにとんがったりすることが

$\sigma^2\,(\sigma)$ が大きいとき　　$\sigma^2\,(\sigma)$ が小さいとき

分かったと思う。

● 標準正規分布は，正規分布のスタンダード・ヴァージョンだ！

それでは次，"標準正規分布"について解説しよう。標準正規分布とは，

平均 $m = 0$，分散 $\sigma^2 = 1$（標準偏差 $\sigma = 1$）の正規分布 $N(0,\ 1)$ のことなんだ。
$\underset{m}{\ }\ \underset{\sigma^2}{\ }$

この標準正規分布の確率密度は特に $f_S(x)$ と表し，これは，

"*standard normal distribution*"（標準正規分布）の頭文字 *s* を使って，$f_S(x)$ と表す。

$f_S(x) = \dfrac{1}{\sqrt{2\pi}}\,e^{-\frac{x^2}{2}}$ となるんだね。何故って，$m = 0$，$\sigma^2 = 1\ (\sigma = 1)$ より，

$f_N(x)$ の m に 0，$\sigma^2\,(\sigma)$ に 1 を代入したものが $f_S(x)$ で，

$f_S(x) = \dfrac{1}{\sqrt{2\pi}\cdot 1}\,e^{-\frac{(x-0)^2}{2\cdot 1}} = \dfrac{1}{\sqrt{2\pi}}\,e^{-\frac{x^2}{2}}$ となるからだ。大丈夫？

後で理由は話すけど，標準正規分布の確率変数は $Z = z$ で表すことが多い

確率変数　実現値　確率密度では変数

ので，この変数を用いて基本事項を下にまとめておくよ。

標準正規分布

平均 $m = 0$，分散 $\sigma^2 = 1$（標準偏差 $\sigma = 1$）

の正規分布 $N(0,\ 1)$ を特に，標準正規

分布と呼び，その確率密度 $f_S(z)$ は，

$f_S(z) = \dfrac{1}{\sqrt{2\pi}}\,e^{-\frac{z^2}{2}}$ である。

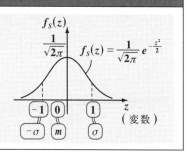

この標準正規分布 $N(0,\ 1)$ こそ，すべての正規分布 $N(m,\ \sigma^2)$ をたばねるス
タンダード・ヴァージョンなんだ。エッ，意味がよく分からんって？　いいよ，
詳しく話そう。

平均 m, 分散 σ^2 の任意の正規分布 $N(m, \sigma^2)$ に使う確率変数 X を使って，

（"すべての" という意味）

新たな確率変数 $Z = \dfrac{X-m}{\sigma}$ を定義すると，Z は必ず標準正規分布 $N(0, 1)$ に従う確率変数になるんだ。

ポイントは，新たな確率変数 $Z = aX + b$ $(a, b : 実数定数)$ の期待値 $E(Z)$ と分散 $V(Z)$ の公式：

$\cdot$ $E(Z) = E(aX+b) = aE(X) + b$ と

$\cdot$ $V(Z) = V(aX+b) = a^2 V(X)$ の 2 つだよ。

今回，$N(m, \sigma^2)$ に従う変数 X を使って，新たに $Z = \dfrac{X-m}{\sigma} = \overset{a}{\left(\dfrac{1}{\sigma}\right)} X \overset{b}{\left(-\dfrac{m}{\sigma}\right)}$ と定義しているので，

$E(Z) = E\left(\overset{a}{\left(\dfrac{1}{\sigma}\right)} X \overset{b}{\left(-\dfrac{m}{\sigma}\right)}\right) = \overset{a}{\left(\dfrac{1}{\sigma}\right)} \underset{m}{E(X)} \overset{b}{\left(-\dfrac{m}{\sigma}\right)} = \dfrac{m}{\sigma} - \dfrac{m}{\sigma} = 0$ となり，

$\cdot$ $V(Z) = V\left(\overset{a}{\left(\dfrac{1}{\sigma}\right)} X \overset{b}{\left(-\dfrac{m}{\sigma}\right)}\right) = \overset{a^2}{\left(\dfrac{1}{\sigma^2}\right)} \underset{\sigma^2}{V(X)} = \dfrac{\sigma^2}{\sigma^2} = 1$ となるね。よって，新たに定義された変数 $Z \left(= \dfrac{X-m}{\sigma}\right)$ の期待値（平均）$E(Z) = 0$，分散 $V(Z) = 1$ から，Z は標準正規分布 $N(0, 1)$ に従う確率変数であることが分かり，その確率密度は，当然 $f_S(z) = \dfrac{1}{\sqrt{2\pi}} e^{-\frac{z^2}{2}}$ になる。

これって，スゴイことなんだ！ 何故だかわかる？ 図3に示すような，確率変数 X の様々な正規分布 $N(m_1, \sigma_1{}^2), N(m_2, \sigma_2{}^2), N(m_3, \sigma_3{}^2)$ などなど…，に対して，新たに確率変数 Z を $Z = \dfrac{X-m_1}{\sigma_1}$，$Z = \dfrac{X-m_2}{\sigma_2}$，$Z = \dfrac{X-m_3}{\sigma_3}$ などなど…，と定義すれば，すべて Z は標準正規分布 $N(0, 1)$

に従う確率変数になってしまうからなんだね。これで標準正規分布がすべての正規分布をたばねるスタンダード・ヴァージョンなのも分かったね。

図3 正規分布→標準正規分布への変換

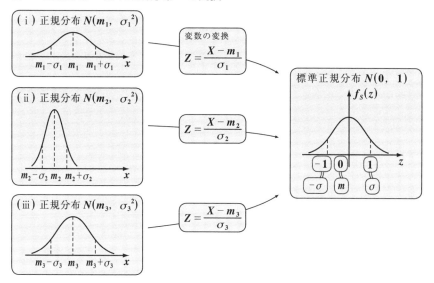

また，一般の正規分布の変数 X を変換して標準正規分布にする際に新たに定義する変数は慣例として Y ではなく Z を用いるので，標準正規分布の確率変数は Z $(=z)$ で表したんだ。納得いった？

そして，$f_S(z)$ は確率密度だから，確率密度の条件：

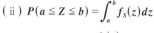

この積分は高校数学ではムリ

$$\int_{-\infty}^{\infty} f_S(z)dz = \frac{1}{\sqrt{2\pi}} \int_{-\infty}^{\infty} e^{-\frac{z^2}{2}} dz$$

$$\boxed{\frac{1}{\sqrt{2\pi}} e^{-\frac{z^2}{2}}} = 1 \text{（全確率）}$$

をみたす。これをグラフにして図4（ i ）に示しておいた。

また，Z が $a \le Z \le b$ となる確率 $P(a \le Z \le b)$ も，図4（ ii ）に示すように，

$$P(a \le Z \le b) = \int_{a}^{b} f_S(z)dz$$

図4 標準正規分布 $N(0, 1)$

(i) $\int_{-\infty}^{\infty} f_S(z)dz = 1$ （全確率）

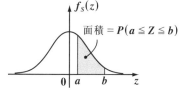

(ii) $P(a \le Z \le b) = \int_{a}^{b} f_S(z)dz$

$$=\frac{1}{\sqrt{2\pi}}\int_a^b e^{-\frac{z^2}{2}}\,dz$$ となる。でも，ここで困ったことに，この定積分

この定積分も高校数学ではムリ

$\int_a^b e^{-\frac{z^2}{2}}\,dz$ は高校数学の範囲では計算できないんだ。

だけど，ここで残念って思う必要は
ないよ。このように重要な標準正規
分布の確率計算を自由に行うことが

具体的には，定積分による面積計算

できるように，図5に示すように，
0 以上の定数 a に対して $a \leqq Z$ とな
る確率 $\alpha = P(a \leqq Z)$ を予め求めた
数表が与えられているんだ。

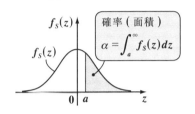

図5　$\alpha = \int_a^\infty f_S(z)\,dz$

確率 (面積)
$\alpha = \int_a^\infty f_S(z)\,dz$

その数表の一部を表1に示すよ。たとえば，

・ $a = 0$ のとき，
$f_S(z)$ は，$z = 0$ に関
して左右対称なグラ
フになるので，この
ときの確率 α は全確
率 1 の半分になるはずだ。よって，
$\alpha = P(0 \leqq Z) = 0.5$ となるんだね。

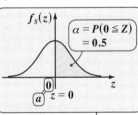

$\alpha = P(0 \leqq Z) = 0.5$

・ $a = 0.6$ のとき，
確率 $\alpha = P(0.6 \leqq Z)$
は表1より，
$\alpha = P(0.6 \leqq Z)$
$= 0.2743$
となることが分かる。

$\alpha = P(0.6 \leqq Z) = 0.2743$

表1　標準正規分布の
確率の表

$\alpha = \int_a^\infty f_S(z)\,dz$

a	確率 α
0.0	0.5000
0.1	0.4602
0.2	0.4207
0.3	0.3821
0.4	0.3446
0.5	0.3085
0.6	0.2743
0.7	0.2420
0.8	0.2119
0.9	0.1841
1.0	0.1587
⋯	⋯

どう？　数表の使い方は分かった？　(標準) 正規分布の確率計算の問題に
は，必ずこの **"確率の表"** が与えられるから，この使い方さえマスターし
ておけば，恐いものは何もないんだよ。

それでは次の練習問題で，実際に標準正規分布の確率計算をやってみよう。

| 練習問題 31 | 標準正規分布の確率計算 | CHECK 1 | CHECK 2 | CHECK 3 |

標準正規分布 $N(0, 1)$ に従う確率変数 Z について，次の確率を求めよ。
(ただし，表 1 の確率の表を利用してよいものとする。)

(1) $P(0.4 \leq Z)$　　(2) $P(0.1 \leq Z \leq 0.5)$　　(3) $P(-0.2 \leq Z \leq 0.2)$

(1)は簡単だね。(2)は，$P(0.1 \leq Z) - P(0.5 \leq Z)$, (3)は，$2\{P(0 \leq Z) - P(0.2 \leq Z)\}$ となるんだよ。
これらは，確率密度 $f_S(z)$ のイメージからその意味が分かると思う。

確率変数 Z は，標準正規分布 $N(0, 1)$ に従うので，表 1 の確率の表を利用して，それぞれの確率を求める。

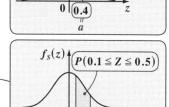

(1) $P(0.4 \leq Z) = 0.3446$

　$\boxed{\because 表 1 より，a = 0.4 のとき \alpha = 0.3446}$

(2) $P(0.1 \leq Z \leq 0.5)$

　　$= P(0.1 \leq Z) - P(0.5 \leq z)$

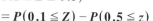

　　$= 0.4602 - 0.3085$

　　$= 0.1517$

$\boxed{\begin{array}{l}\because 表 1 より，\\ a = 0.1 のとき，\alpha = 0.4602 \\ a = 0.5 のとき，\alpha = 0.3085\end{array}}$

(3) $P(-0.2 \leq Z \leq 0.2)$

　　$= 2 \times P(0 \leq Z \leq 0.2)$　$\boxed{P(0 \leq Z \leq 0.2)}$

　　$= 2 \times \{P(0 \leq Z) - P(0.2 \leq Z)\}$

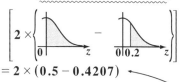

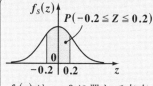

$f_S(z)$ は $z = 0$ に関して左右対称より，これは $2 \times P(0 \leq Z \leq 0.2)$ となる。

　　$= 2 \times (0.5 - 0.4207)$

　　$= 0.1586$

$\boxed{\because 表 1 より，a = 0 のとき，\alpha = 0.5000 \\ a = 0.2 のとき，\alpha = 0.4207}$

どう？　標準正規分布の確率密度 $f_S(z)$ と表 1 の "**確率の表**" の使い方も分かっただろう？　連続型の確率変数の場合，確率は面積で表されるわけだから，$f_S(z)$ の対称性などを利用して，解いていけばいいんだよ。

次の各確率を求めよ。(ただし，右の標準
正規分布の確率の表を利用してよい。)

(1) 正規分布 $N(2, 100)$ に従う確率変数 X
　　が，$5 \leqq X \leqq 8$ となる確率 $P(5 \leqq X \leqq 8)$

(2) 正規分布 $N(6, 25)$ に従う確率変数 X
　　が，$4 \leqq X$ となる確率 $P(4 \leqq X)$

標準正規分布の確率の表

$$\alpha = \int_a^\infty f_S(z)dz$$

a	確率 α
0.3	0.3821
0.4	0.3446
0.5	0.3085
0.6	0.2743

$\left(\begin{array}{l} f_S(z)：標準正規分布の \\ \qquad 確率密度 \end{array} \right)$

(1) $N(2, 10^2)$ より，平均 $m = 2$，標準偏差 $\sigma = 10$ の正規分布だね。よって，新た
に変数 Z を $Z = \dfrac{X-2}{10}$ と定義すれば，Z は標準正規分布 $N(0, 1)$ に従う確率変数
となるので，与えられた確率の表が使えるようになる。

(1) 正規分布 $N(\underset{\boxed{m}}{2}, \underset{\boxed{\sigma^2}}{10^2})$ の平均 $m = 2$，標準偏差 $\sigma = 10$ より，これに従う

　　確率変数 X を使って，新たな確率変数 Z を $Z = \dfrac{X-m}{\sigma} = \dfrac{X-2}{10}$ と定

　　義すれば，Z は標準正規分布 $N(0, 1)$ に従う確率変数になる。よって，

　　$5 \leqq X \leqq 8$ を変形すると，　←─ これを，Z の範囲の式に書き換える！

　　$3 \leqq X - 2 \leqq 6$ 　←─ 各辺から $2 (= m)$ を引いた。

　　$\dfrac{3}{10} \leqq \boxed{\dfrac{X-2}{10}}_{\boxed{Z}} \leqq \dfrac{6}{10}$ 　←─ 各辺を $10 (= \sigma)$ で割った。

　　$\therefore 0.3 \leqq Z \leqq 0.6$ となる。　←─ これで，標準正規分布が使える形になった！

　　よって，求める確率 $P(5 \leqq X \leqq 8)$ は，

　　$P(5 \leqq X \leqq 8) = P(0.3 \leqq Z \leqq 0.6)$

　　　　　　　　　　　 $= P(0.3 \leqq Z) - P(0.6 \leqq Z)$

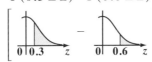

確率の表より
・$a = 0.3$ のとき，$\alpha = 0.3821$
・$a = 0.6$ のとき，$\alpha = 0.2743$

　　　　　　　　　 $= 0.3821 - 0.2743$

　　　　　　　　　 $= 0.1078$ となって，答えだ。

(2) 正規分布 $N(6, 5^2)$ の平均 $\underset{m}{\underline{m = 6}}$, 標準偏差 $\underset{\sigma^2}{\underline{\sigma = 5}}$ より, これに従う確率

変数 X を使って, 新たな確率変数 Z を $Z = \dfrac{X - 6}{5}$ と定義すると, Z は

標準正規分布 $N(0, 1)$ に従う確率変数になる。よって,

$4 \leqq X$ を変形すると, ⟵ 〔Z の式に書き換える!〕

$-2 \leqq X - 6$ ⟵ 〔両辺から $6\ (= m)$ を引いた。〕

$-\dfrac{2}{5} \leqq \underset{Z}{\underline{\dfrac{X - 6}{5}}}$ ⟵ 〔両辺を $5\ (= \sigma)$ で割った。〕

$\therefore -0.4 \leqq Z$ となる。

〔$f_s(z)$ の $z = 0$ に関する対称性から, こんな計算ができる!〕

よって, 求める確率 $P(4 \leqq X)$ は, 〔全確率〕

$P(4 \leqq X) = P(-0.4 \leqq Z) = 1 - P(0.4 \leqq Z)$

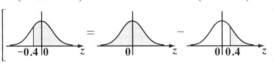

$= 1 - 0.3446$ ⟵ 〔確率の表より $a = 0.4$ のとき, $\alpha = 0.3446$〕

$= 0.6554$ となって, 答えだ。

次の各確率を求めよ。(ただし, 右の標準正規分布の確率の表を利用してよい。)

(1) 正規分布 $N(4, 400)$ に従う確率変数 X が, $8 \leq X \leq 12$ となる確率 $P(8 \leq X \leq 12)$

(2) 正規分布 $N(10, 9)$ に従う確率変数 X が, $X \leq 8.2$ となる確率 $P(X \leq 8.2)$

標準正規分布の確率の表

$$\alpha = \int_0^a f_S(z)\,dz$$

a	確率 α
0.2	0.0793
0.3	0.1179
0.4	0.1554
0.5	0.1915
0.6	0.2257

$\left(\begin{array}{l} f_S(z):\text{標準正規分布の} \\ \quad\quad\text{確率密度} \end{array}\right)$

練習問題 **32(P128)** と同様の問題なんだけれど, 利用する標準正規分布の確率の表の確率 α が, $\alpha = \int_0^a f_S(z)\,dz$ となっていて, 右図に示すように, z が, $0 \leq z \leq a$ の範囲となる確率になっていることに気を付けよう。この形の確率の表は, 共通テスト数学Ⅱ・Bでも採用されることがあるので, ここでよく練習しておくといいんだね。

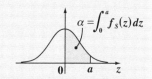

(1) 正規分布 $N(4, \underset{\underset{(\sigma^2)}{\underbrace{}}}{\underset{\underset{(m)}{\underbrace{}}}{4}, 400)$ の平均 $m = 4$, 標準偏差 $\sigma = \sqrt{400} = 20$ より,

これに従う確率変数 X を使って, 新たな確率変数 Z を $Z = \dfrac{X-m}{\sigma} = \dfrac{X-4}{20}$ で定義する。すると, Z は標準正規分布 $N(0, 1)$ に従う確率変数になる。よって,

$8 \leq X \leq 12$ を変形すると, ← これを, Z の値の範囲に書き換える。

$4 \leq X - 4 \leq 8$ ← 各辺から $4\,(=m)$ を引いた。

$\underset{(0.2)}{\underbrace{\dfrac{4}{20}}} \leq \underset{(Z)}{\underbrace{\dfrac{X-4}{20}}} \leq \underset{(0.4)}{\underbrace{\dfrac{8}{20}}}$ ← 各辺を $20\,(=\sigma)$ で割った。

∴ $0.2 \leq Z \leq 0.4$ となる。よって, 求める確率 $P(8 \leq X \leq 12)$ は,

$$P(8 \leqq X \leqq 12) = P(0.2 \leqq Z \leqq 0.4)$$

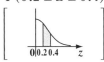

$$= P(0 \leqq Z \leqq 0.4) - P(0 \leqq Z \leqq 0.2)$$

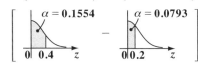

$= 0.1554 - 0.0793 = 0.0761$　となって，答えだ。

(2) 正規分布 $N(\underset{\boxed{m}}{10},\ \underset{\boxed{\sigma^2}}{9})$ の平均 $m = 10$，標準偏差 $\sigma = \sqrt{9} = 3$ より，

これに従う確率変数 X を使って，新たな確率変数 Z を $Z = \dfrac{X - m}{\sigma} = \dfrac{X - 10}{3}$ で定義すると，Z は標準正規分布 $N(0,\ 1)$ に従う確率変数となる。よって，

$X \leqq 8.2$ を変形すると，　←—（これを，Z の値の範囲に書き換える。）

$X - 10 \leqq \underset{\boxed{8.2-10}}{-1.8}$　←—（両辺から $10\,(= m)$ を引いた。）

$\underset{\boxed{Z}}{\dfrac{X - 10}{3}} \leqq \underset{\boxed{-0.6}}{-\dfrac{1.8}{3}}$　←—（両辺を $3\,(= \sigma)$ で割った。）

∴ $Z \leqq -0.6$ となる。よって，求める確率 $P(X \leqq 8.2)$ は，

$$P(X \leqq 8.2) = P(Z \leqq -0.6)$$

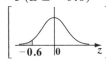

$$=\quad 0.5 \quad - \quad P(0 \leqq Z \leqq 0.6)$$

$= 0.5 - 0.2257 = 0.2743$　と答えが求まるんだね。

どう？これで，$\alpha = \displaystyle\int_0^a f_s(z)dz$ の確率の表の利用の仕方もマスターできたと思う。

$\alpha = \displaystyle\int_a^\infty f_s(z)dz$ の確率の表と同様に，うまく使いこなせるように練習しよう！

二項分布 $B(n, p)$ の平均 m と分散 σ^2 は，
$m = np$，$\sigma^2 = npq$ $(q = 1 - p)$ である。
ここで，n が十分に大きいとき，二項分布
は連続型の正規分布 $N(np, npq)$ で近似的
に表すことができる。

$B\left(288, \dfrac{1}{3}\right)$ のとき，次の各確率の近似値
を，右の標準正規分布の確率の表を用いて
求めよ。

標準正規分布の確率の表

$$\alpha = \int_a^\infty f_S(z)\,dz$$

a	確率 α
0.5	0.3085
0.75	0.2266
1	0.1587

(ⅰ) $P(100 \leqq X \leqq 104)$　　　　(ⅱ) $P(90 \leqq X \leqq 100)$

二項分布 $B\left(288, \dfrac{1}{3}\right)$ は，$n = 288$，$p = \dfrac{1}{3}$，$q = 1 - p = 1 - \dfrac{1}{3} = \dfrac{2}{3}$ で，n は十分に
大きな数と考えていいんだね。よって，この二項分布は，その平均 $m = np$ と分散
$\sigma^2 = npq$ をもつ正規分布 $N(\underset{m}{np}, \underset{\sigma^2}{npq})$ で近似することができる。これから，変数 X を
新たな確率変数 $Z = \dfrac{X - m}{\sigma}$ に置き換えて，標準正規分布の確率の表を使って解いて
いけばいいんだね。頑張ろう！

二項分布 $B\left(\underset{n}{288}, \underset{p}{\dfrac{1}{3}}\right)$ の平均 m と分散 σ^2 は，

$n = 288$，$p = \dfrac{1}{3}$，$q = 1 - p = \dfrac{2}{3}$ より，

$m = np = 288 \times \dfrac{1}{3} = 96$，$\sigma^2 = npq = 288 \times \dfrac{1}{3} \times \dfrac{2}{3} = 64 = 8^2$ となる。

ここで，$n = 288$ は十分に大きな数と考えてよいので，この二項分布は，
正規分布 $N(\underset{m = np}{96}, \underset{\sigma^2 = npq}{8^2})$ で近似的に表すことができる。

よって，正規分布 $N(\underset{m}{96}, \underset{\sigma^2}{8^2})$ の平均 $m = 96$，標準偏差 $\sigma = 8$ より，これに

従う確率変数 X を使って，新たな確率変数 Z を，

$Z = \dfrac{X - m}{\sigma} = \dfrac{X - 96}{8}$ で定義すれば，Z は標準正規分布 $N(0, 1)$ に従う確率変数になるんだね。これから，各確率を求めよう。

(1) $100 \leqq X \leqq 104$ のとき，$\underbrace{\dfrac{100 - 96}{8}}_{\frac{4}{8} = 0.5} \leqq \underbrace{\dfrac{X - 96}{8}}_{Z} \leqq \underbrace{\dfrac{104 - 96}{8}}_{\frac{8}{8} = 1}$ より，

> 各辺から $m = 96$ を引いて，$\sigma = 8$ で割る。

求める確率 $P(100 \leqq X \leqq 104)$ は，確率の表より，

$P(100 \leqq X \leqq 104) = P(0.5 \leqq Z \leqq 1)$

$= P(0.5 \leqq Z) - P(Z \leqq 1) = 0.3085 - 0.1587$

$= 0.1498$ となる。

(2) $90 \leqq X \leqq 100$ のとき，$\underbrace{\dfrac{90 - 96}{8}}_{-\frac{6}{8} = -0.75} \leqq \underbrace{\dfrac{X - 96}{8}}_{Z} \leqq \underbrace{\dfrac{100 - 96}{8}}_{\frac{4}{8} = 0.5}$ より，

求める確率 $P(90 \leqq X \leqq 100)$ は，

$P(90 \leqq X \leqq 100) = P(-0.75 \leqq Z \leqq 0.5)$

> $f_s(z)$ の $z = 0$ に関する対称性から，こんな計算ができるんだね。

$= 1 - P(0.5 \leqq Z) - P(0.75 \leqq Z)$

$= 1 - 0.3085 - 0.2266 = 0.4649$ となって，答えだ！

　以上で，今日の講義は終了です！ みんな，よく頑張ったね。お疲れ様！
次回は，"統計的推測" について講義しよう。また，分かりやすく教えるから，楽しみに待っていてくれ！

みんな，おはよう！ 今日教えるテーマは“統計的推測”だよ。“統計”とは，あるクラスの生徒の身長などの複数の数値で表されたデータの集まりを，表やグラフにしたり，その平均や分散などの値を求めたりすることなんだね。

ある集団(母集団)について，ある変量(身長や得点など…)の統計調査を行うとき，集団全体をすべて調べる“全数調査”と，集団の1部を標本として抽出して調べ，その結果から集団全体の状態を推測する“標本調査”があるんだね。

ここでは，標本調査による統計的な推測法について，詳しく解説するつもりだ。それでは，講義を始めよう！

● 統計には，“記述”と“推測”の2種類がある！

“統計”とは，数値で表された“データの集まり”を，表やグラフにしたり，平均や分散などの数値を計算する手法のことなんだ。ここで，この“データの集まり”のことを“母集団”と呼ぶんだよ。そして，

(ⅰ) この母集団のデータの個数が比較的小さいとき，母集団そのものを直接調べることができる。これを“記述統計”という。

(ⅱ) これに対して，10万個とか100万個などのように母集団のデータの個数が膨大なとき，母集団全体を直接調べることは実質問題として難しい。

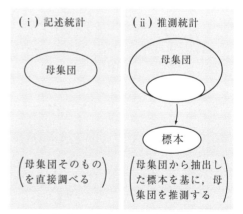

図1　記述統計と推測統計

(ⅰ) 記述統計　　(ⅱ) 推測統計

母集団

母集団

標本

母集団そのものを直接調べる

母集団から抽出した標本を基に，母集団を推測する

こんなときは母集団から無作為に適当な数の標本(サンプル)を抽出し，これを基にして，母集団の分布の特徴を間接的に推測することを“推測統計”というんだよ。この(ⅰ)記述統計と(ⅱ)推

測統計のイメージを，図1の（ⅰ）と（ⅱ）に示しておいた。

ここで，母集団から標本を<u>無作為</u>に抽出する方法として，

> 無作為に標本抽出するために，"乱数表"や"疑似乱数プログラム"が使われる。

（ⅰ）要素を1個取り出したら元に戻し，また新たに1個を取り出すことを繰り返す"復元抽出"と，

（ⅱ）取り出した要素を元に戻すことなしに，次々と要素を取り出す"非復元抽出"の，2通りがあるんだね。

でも，標本の大きさ n に対して，母集団の大きさ N が $N \gg n$，すなわち，N の方が n より十分大きければ，非復元抽出であっても，復元抽出とみなしても構わないので，この講義ではすべて復元抽出と考えることにしよう。

ここで，母集団の分布を特徴づける数値は，もちろん平均と分散なんだけど，ここではそれらが母集団のものであることを明記するために特に"母平均"，"母分散"と呼ぶ。母平均は母集団の中心的な数値を表し，母分散は母集団の散らばり具合を表すんだね。そして，母平均や母分散などの，母集団を特徴づける数値をまとめて"母数"という。

また，推測統計では，抽出した標本を基に平均や分散を計算するけれど，これはそれぞれ"標本平均"，"標本分散"と呼び，これらは元の母集団の母平均と母分散を推定する値として使われるんだ。

エッ，いろんな言葉が出てきて混乱しそうだって？ いいよ，以上のことを図2にまとめて示しておこう。

これで，用語の解説も終わったので，これから，母集団と標本との関係を具体例を使って解説することにしよう。

図2 母平均・母分散と標本平均・標本分散

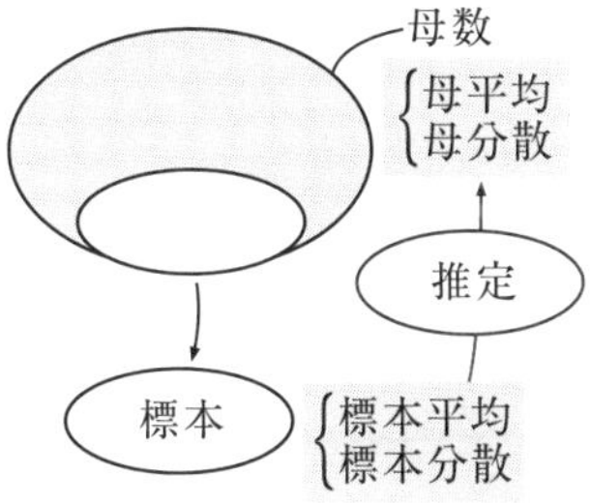

● 母集団と標本との関係を考えてみよう！

ある地域に400万組の夫婦がいるものとする。これを母集団として，すべての夫婦の子供の数を調べたところ，子供が0人，1人，2人の夫婦の数はそれぞれ順に100万組，200万組，100万組であった。

ここで，子供の数を確率変数 X とおくと，$X=0$, 1, 2 であり，それぞれの確率が，

$$P(X=0)=\frac{100\,万}{400\,万}=\frac{1}{4} \quad \cdots\cdots① \qquad P(X=1)=\frac{200\,万}{400\,万}=\frac{1}{2} \quad \cdots\cdots②$$

$$P(X=2)=\frac{100\,万}{400\,万}=\frac{1}{4} \quad \cdots\cdots③ \qquad となるのはいいね。$$

これから，表 1 に示すような母集団の確率
変数 X の確率分布が得られる。この確率
分布を特に "**母集団分布**" と呼ぶんだね。

表1　母集団分布

変数 X	0	1	2
確率 P	$\frac{1}{4}$	$\frac{1}{2}$	$\frac{1}{4}$

　そして，この母集団分布から平均 $E(X)$,
分散 $V(X)$, 標準偏差 $D(X)$ を求めることができる。これらはみんな母集団
のものだから，それぞれ "**母平均 $E(X)$**", "**母分散 $V(X)$**", "**母標準偏差 $D(X)$**"
という。これらを実際に求めてみよう。

$$母平均\ E(X) = 0\times\frac{1}{4} + 1\times\frac{1}{2} + 2\times\frac{1}{4} = \frac{1+1}{2} = \underline{1} \quad \cdots\cdots④$$

$$母分散\ V(X) = \underset{①}{\underline{E(X^2)} - \{\underline{E(X)}\}^2}$$

$$= 0^2\times\frac{1}{4} + 1^2\times\frac{1}{2} + 2^2\times\frac{1}{4} - 1^2 = \frac{1}{2} + 1 - 1 = \underline{\frac{1}{2}} \quad \cdots\cdots⑤$$

$$母標準偏差\ D(X) = \sqrt{V(X)} = \sqrt{\frac{1}{2}} = \frac{\sqrt{2}}{2} \quad \cdots\cdots⑥$$

　ここで，この **400** 万組という非常に大きな母集団から，たかだか

1000 組か，**5000** 組程度の標本を無作為に非復元抽出したとしても，①，

> これでも，標本 (サンプル) としては，かなり大きな数だけどね。

②，③の分母の **400** 万が，**399** 万 **9** 千や，**399** 万 **5** 千になるだけなので，
母集団分布の確率の変化はほとんどない。つまり，母集団の大きさ N が
標本の大きさ n より十分大きければ，非復元抽出も，復元抽出と同じと考
えていいという意味が，これでよく分かったと思う。

　では，話をさらに進めよう。表 **1** で与えられる母集団分布に従う母集団

から n 個の標本を抽出するという操作は，これを抽象化すれば，数字 **0**，**1**，

これは，復元抽出，非復元抽出のいずれでもいい。

2 が書かれたカードがそれぞれ順に **1** 枚，**2** 枚，**1** 枚あるものとし，この **4** 枚のカードから **1** 枚抜きとって数字を記録し，これを元に戻して，また **1** 枚抜きとった数字を記録するという試行を n 回繰り返すことと同様なんだね。カードはたった **4** 枚しかないから，この場合，元に戻す，つまり復元することが必要だけれど，母集団から n 個の標本を抽出する作業が，同じ確率分布をもつ数字のついたカードから **1** 枚を抜き取る試行を n 回繰り返すことと同様であることが分かったと思う。

　では，ここで，標本の大きさ $n = 2$ として，抽出された確率変数 (カードの数字) を X_1，X_2 とおき，この平均 $\overline{X} = \dfrac{X_1 + X_2}{2}$ について，確率分布を求めてみよう。X_1 も X_2 も，当然表 **1** の確率分布に従い，$X_1 = 0$，**1**，**2**，$X_2 = 0$，**1**，**2** の **3** 通りずつの値を取るので，その平均 $\overline{X}$ の取り得る値は $\overline{X} = $ **0**，**0.5**，**1**，**1.5**，**2** となるのはいいね。

$(X_1, X_2) = (0, 0)$

$(X_1, X_2) = (0, 1) = (1, 0)$

$(X_1, X_2) = (1, 1) = (0, 2) = (2, 0)$

$(X_1, X_2) = (2, 2)$

$(X_1, X_2) = (1, 2) = (2, 1)$

よって，それぞれの確率を求めてみると

$P(\overline{X} = 0) = \dfrac{1}{4} \times \dfrac{1}{4} = \dfrac{1}{16}$ ← $(X_1, X_2) = (0, 0)$ に対応

$P(\overline{X} = 0.5) = \underline{\dfrac{1}{4} \times \dfrac{1}{2}} + \underline{\dfrac{1}{2} \times \dfrac{1}{4}} = \dfrac{1}{4} \left(= \dfrac{4}{16} \right)$

$(X_1, X_2) = (0, 1)$ 　　$(X_1, X_2) = (1, 0)$ に対応

$P(\overline{X} = 1) = \underline{\dfrac{1}{2} \times \dfrac{1}{2}} + \underline{\dfrac{1}{4} \times \dfrac{1}{4}} + \underline{\dfrac{1}{4} \times \dfrac{1}{4}} = \dfrac{3}{8} \left(= \dfrac{6}{16} \right)$

$(X_1, X_2) = (1, 1)$ 　　$(X_1, X_2) = (0, 2), (2, 0)$ に対応

$P(\overline{X} = 1.5) = \underline{\dfrac{1}{2} \times \dfrac{1}{4}} + \underline{\dfrac{1}{4} \times \dfrac{1}{2}} = \dfrac{1}{4} \left(= \dfrac{4}{16} \right)$

$(X_1, X_2) = (1, 2), (2, 1)$ に対応

$$P(\overline{X} = 2) = \frac{1}{4} \times \frac{1}{4} = \frac{1}{16}$$

$(X_1, X_2) = (2, 2)$ に対応

よって，$n = 2$ の標本 X_1，X_2

の平均 $\overline{X}\left(= \dfrac{X_1 + X_2}{2}\right)$ の確率分

布が表 2 のように表せるんだね。

これから，$\overline{X}$ の平均 $E(\overline{X})$，

分散 $V(\overline{X})$，標準偏差 $D(\overline{X})$ が

母平均と母分散
$E(X) = 1$ ……④
$V(X) = \dfrac{1}{2}$ ……⑤
$D(X) = \dfrac{1}{\sqrt{2}}$ ……⑥

表 2　$n = 2$ の標本の平均 $\overline{X}$ の確率分布表

変数 $\overline{X}$	0	0.5	1	1.5	2
確率 P	$\dfrac{1}{16}$	$\dfrac{4}{16}$	$\dfrac{6}{16}$	$\dfrac{4}{16}$	$\dfrac{1}{16}$

これらはそれぞれ "**標本平均**" $\overline{X}$ の平均，分散，標準偏差と呼ばれる。

次のように求められるんだね。

$$E(\overline{X}) = 0 \times \frac{1}{16} + 0.5 \times \frac{4}{16} + 1 \times \frac{6}{16} + 1.5 \times \frac{4}{16} + 2 \times \frac{1}{16}$$

$$= \frac{2 + 6 + 6 + 2}{16} = \frac{16}{16} = 1 \quad \cdots\cdots ⑦$$

$E(X) = 1 \cdots ④$
と等しい！

$$V(\overline{X}) = E(\overline{X^2}) - \{\underbrace{E(\overline{X})}_{①}\}^2$$

$$= 0^2 \times \frac{1}{16} + 0.5^2 \times \frac{4}{16} + 1^2 \times \frac{6}{16} + 1.5^2 \times \frac{4}{16} + 2^2 \times \frac{1}{16} - 1^2$$

$$= \frac{1 + 6 + 9 + 4}{16} - 1 = \frac{1}{4} \quad \cdots\cdots ⑧$$

$V(X) = \dfrac{1}{2} \cdots ⑤$
を $n = 2$ で割った
ものだ！

$$D(\overline{X}) = \sqrt{V(\overline{X})} = \sqrt{\frac{1}{4}} = \frac{1}{2} \quad \cdots\cdots\cdots ⑨$$

そして，④と⑦から，$E(\overline{X}) = E(X)$ ……(*1) が成り立ち，また

標本平均の平均は，母平均と等しい

⑤と⑧から，$V(\overline{X}) = \dfrac{V(X)}{n}$ ……(*2) が成り立つことも分かったんだね。

標本平均の分散は，母分散を n で割ったものに等しい。

この(*1)，(*2)はたまたまこうなったのではなく，一般論としても成

り立つ。以上をまとめて，次に示そう。

母集団と標本平均との関係

大きさ N の母集団における変量 $X = x_1,\ x_2,\ \cdots,\ x_m$ に対して，それぞれの値のとる度数を $f_1,\ f_2,\ \cdots,\ f_m$ とすると，$X = x_k$ となる確率
$P(X = x_k) = P_k$ は

$P(X = x_k) = P_k = \dfrac{f_k}{N}$

$\quad (k = 1,\ 2,\ \cdots,\ m)$

母集団分布

変 数 X	x_1	x_2	$\cdots$	x_m
確 率	P_1	P_2	$\cdots$	P_m

となる。よって，右上のような母集団分布が得られ，これから，母平均
$m = E(X)$，母分散 $\sigma^2 = V(X)$，母標準偏差 $\sigma = D(X)$ が，次のように
計算できる。

$$\begin{cases} \text{母平均 } m = E(X) = \sum_{k=1}^{m} x_k P_k = x_1 P_1 + x_2 P_2 + \cdots + x_m P_m \\ \text{母分散 } \sigma^2 = V(X) = E(X^2) - \{E(X)\}^2 \\ \qquad = \sum_{k=1}^{m} x_k{}^2 P_k - m^2 = x_1{}^2 P_1 + x_2{}^2 P_2 + \cdots + x_m{}^2 P_m - m^2 \\ \text{母標準偏差 } \sigma = D(X) = \sqrt{V(X)} \end{cases}$$

次に，この母集団から無作為に抽出した大きさ n の標本を $X_1,\ X_2,\ \cdots,$
X_n とすると，これらの平均 $\overline{X}$ は，標本平均と呼ばれ，

$\overline{X} = \dfrac{X_1 + X_2 + \cdots + X_n}{n}$ ……$(ア)$ で表される。

この標本平均 $\overline{X}$ も確率変数と考えることができるので，この標本平均の
平均を $E(\overline{X}) = m(\overline{X})$，分散を $V(\overline{X}) = \sigma^2(\overline{X})$，また標準偏差を $D(\overline{X}) = \sigma(\overline{X})$ とおくと，これらは，

$E(\overline{X}) = m(\overline{X}) = m$ …………$(*1)$

$V(\overline{X}) = \sigma^2(\overline{X}) = \dfrac{\sigma^2}{n}$ …………$(*2)$

$D(\overline{X}) = \sigma(\overline{X}) = \sqrt{\dfrac{\sigma^2}{n}} = \dfrac{\sigma}{\sqrt{n}}$ …$(*3)$　となる。

ウンザリする程長〜い基本事項だけれど，この前に具体例を示しておいたので，なんとか理解できたと思う。ここで一般論として，$(*1)$，$(*2)$ が成り立つ

ことを示しておこう。証明のポイントは，**P102** で解説した公式：

$$\begin{cases} E(aX + bY + cZ) = aE(X) + bE(Y) + cE(Z) \\ V(aX + bY + cZ) = a^2V(X) + b^2V(Y) + c^2V(Z) \end{cases} \quad \text{だよ。}$$

これには X，Y，Z が独立であるという条件が付く！

この公式は，一般化されて，n 個の独立な変数 X_1，X_2，$\cdots$，X_n にまで拡張できるんだね。つまり，a_1，a_2，$\cdots$，a_n を実数定数とすると，

$$\begin{cases} E(a_1X_1 + a_2X_2 + \cdots + a_nX_n) = a_1E(X_1) + a_2E(X_2) + \cdots + a_nE(X_n) \\ V(a_1X_1 + a_2X_2 + \cdots + a_nX_n) = a_1{}^2V(X_1) + a_2{}^2V(X_2) + \cdots + a_n{}^2V(X_n) \end{cases}$$

が成り立つんだね。では，証明に入るよ。

n 個の標本変数 X_1，X_2，$\cdots$，X_n は，すべて母集団分布に従うので，それぞれの平均と分散は，当然それぞれ母平均 m，母分散 σ^2 と等しい。
よって，次のようになる。

$$\begin{cases} E(X_1) = E(X_2) = \cdots = E(X_n) = m\,(\text{母平均}) \quad \cdots\cdots(\text{イ}) \\ V(X_1) = V(X_2) = \cdots = V(X_n) = \sigma^2\,(\text{母分散}) \quad \cdots\cdots(\text{ウ}) \end{cases}$$

ここで，標本平均 $\overline{X}$ は，$\overline{X} = \dfrac{X_1 + X_2 + \cdots + X_n}{n}$ $\cdots\cdots(\text{ア})$ より，

$\overline{X}$ の平均 $m(\overline{X}) = E(\overline{X})$ を求めると，

$$m(\overline{X}) = E(\overline{X}) = E\left(\frac{X_1 + X_2 + \cdots + X_n}{n} \right)$$

公式：
$E(a_1X_1 + a_2X_2 + \cdots + a_nX_n)$
$= a_1E(X_1) + a_2E(X_2) + \cdots + a_nE(X_n)$
を使った。

$$= E\left(\frac{1}{n}X_1 + \frac{1}{n}X_2 + \cdots + \frac{1}{n}X_n \right)$$

$$= \frac{1}{n}\underset{\boxed{m}}{E(X_1)} + \frac{1}{n}\underset{\boxed{m}}{E(X_2)} + \cdots + \frac{1}{n}\underset{\boxed{m}}{E(X_n)}$$

$$= \underbrace{\frac{m}{n} + \frac{m}{n} + \cdots + \frac{m}{n}}_{n \text{ 項の和}} = \cancel{n} \times \frac{m}{\cancel{n}} = m\,(\text{母平均}) \quad \cdots\cdots(*1)$$

となって，$(*1)$ が導けるんだね。

次，$\overline{X}$ の分散 $\sigma^2(\overline{X}) = V(\overline{X})$ を求めると，

140

$$\sigma^2(\overline{X}) = V(\overline{X}) = V\left(\frac{X_1 + X_2 + \cdots + X_n}{n}\right)$$

$$= V\left(\frac{1}{n}X_1 + \frac{1}{n}X_2 + \cdots + \frac{1}{n}X_n\right) \longrightarrow$$

公式：
$$V(a_1X_1 + a_2X_2 + \cdots + a_nX_n)$$
$$= a_1{}^2V(X_1) + \cdots + a_n{}^2V(X_n)$$
を使った。

$$= \frac{1}{n^2}\underbrace{V(X_1)}_{\sigma^2} + \frac{1}{n^2}\underbrace{V(X_2)}_{\sigma^2} + \cdots + \frac{1}{n^2}\underbrace{V(X_n)}_{\sigma^2}$$

$$= \underbrace{\frac{\sigma^2}{n^2} + \frac{\sigma^2}{n^2} + \cdots + \frac{\sigma^2}{n^2}}_{n \text{ 項の和}} = n \times \frac{\sigma^2}{n^2} = \underbrace{\frac{\sigma^2}{n}}_{\text{母分散 } \sigma^2 \text{ を } n \text{ で割ったもの}} \quad \cdots\cdots(*2) \quad \text{となって、}$$

($*2$) も導けたんだね。後は、これに $\sqrt{}$ をとったものが、標本平均の標準偏差 $\sigma(\overline{X}) = D(\overline{X})$ なので、

$$\sigma(\overline{X}) = D(\overline{X}) = \sqrt{\frac{\sigma^2}{n}} = \frac{\sigma}{\sqrt{n}} \quad \cdots\cdots(*3) \quad \text{も導けるんだね。大丈夫？}$$

それでは、練習問題をやっておこう。

練習問題 35 　母集団と標本平均　　CHECK 1　　CHECK 2　　CHECK 3

右のような母集団分布に従う大きな母集団から、100 個の標本を無作為に抽出した。この標本平均 $\overline{X}$ の平均 $m(\overline{X})$ と分散 $\sigma^2(\overline{X})$ を求めよ。

表 1　母集団分布

変 数 X	0	1	2	3	4
確 率 P	$\frac{1}{10}$	$\frac{2}{10}$	$\frac{4}{10}$	$\frac{2}{10}$	$\frac{1}{10}$

まず、母平均 m と母分散 σ^2 を求めて、公式 $m(\overline{X}) = m$, $\sigma^2(\overline{X}) = \dfrac{\sigma^2}{n}$ を用いればいいんだね。頑張って解いてみよう。

・まず、母集団分布から、母平均 m を求めると、

$$m = E(X) = 0 \cdot \frac{1}{10} + 1 \cdot \frac{2}{10} + 2 \cdot \frac{4}{10} + 3 \cdot \frac{2}{10} + 4 \cdot \frac{1}{10}$$

$$= \frac{1}{10}(2 + 8 + 6 + 4) = \frac{20}{10} = 2$$

・次に、母分散 σ^2 を求めると、

$$\sigma^2 = \underline{E(X^2)} - \underset{\boxed{2^2}}{\underset{\shortparallel}{\underline{m^2}}}$$

$$= 0^2 \cdot \cancel{\frac{1}{10}} + 1^2 \cdot \frac{2}{10} + 2^2 \cdot \frac{4}{10} + 3^2 \cdot \frac{2}{10} + 4^2 \cdot \frac{1}{10} - 2^2$$

$$= \frac{1}{10}(2 + 16 + 18 + 16) - 4 = \frac{52}{10} - 4 = 1.2$$

以上より，この母集団から無作為に抽出された大きさ 100 の標本平均 $\overline{X}$ の平均 $m(\overline{X})$ と分散 $\sigma^2(\overline{X})$ は，

$$m(\overline{X}) = m = 2, \quad \sigma^2(\overline{X}) = \frac{\sigma^2}{100} = \frac{1.2}{100} = 0.012 \quad \text{となる。}$$

● 中心極限定理は強力な定理だ！

　母平均 m，母分散 σ^2 をもつ母集団から，大きさ n の標本を抽出するとその標本平均 $\overline{X}$ の平均は m，分散は $\frac{\sigma^2}{n}$ になることが分かったわけだけれど，

ここで，この標本の個数 n を 50，100，…とどんどん大きくしていくと，標本平均 $\overline{X}$ の従う確率分布が，ナント驚くべきことに，平均 m，分散 $\frac{\sigma^2}{n}$ の正規分布 $N\left(m, \frac{\sigma^2}{n}\right)$ に近づいていくことが数学的に示せるんだね。

（もちろん，母集団分布は正規分布である必要はない！）

　この証明は，高校数学のレベルではムリだけれど，"中心極限定理"（ちゅうしんきょくげん）と呼ばれる強力な定理で，

図3　中心極限定理のイメージ

平均 m，分散 σ^2 をもつ同一の母集団
　　（正規分布でなくてもいい！）

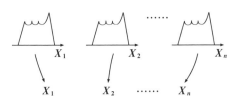

$$\overline{X} = \frac{X_1 + X_2 + \cdots\cdots + X_n}{n} \quad \text{とおき，}$$

n を十分大きくすると，$\overline{X}$ は
正規分布 $N\left(m, \frac{\sigma^2}{n}\right)$ に従う。

$$N\left(m, \frac{\sigma^2}{n}\right)$$

そのイメージを図3に示すので，この結果だけを利用することにしよう。

"**中心極限定理**"の詳しい証明は，「**確率統計キャンパス・ゼミ**」(マセマ)でも詳しく解説しているので，興味のある人は，大学生になって，是非チャレンジするといいよ。

このように，標本の個数(大きさ)を十分大きくすれば，$\overline{X}$ は，正規分布 $N\left(m, \dfrac{\sigma^2}{n}\right)$ に従う。ということは，$\overline{X}$ から平均 m を引いて，その標準偏差 $\dfrac{\sigma}{\sqrt{n}} = \left(\sqrt{\dfrac{\sigma^2}{n}}\right)$ で割って，標準化した変数 Z，つまり，$Z = \dfrac{\overline{X} - m}{\dfrac{\sigma}{\sqrt{n}}}$ とおけば，Z は，標準正規分布 $\underline{N(0, 1)}$ に従うんだね。よって，数表を利用すれ

平均 0，分散 1 の正規分布のこと これは問題文で与えられるから，心配なしだ！

ば，様々な確率計算が可能になるわけだ。理論は難しいから置いておいて，この利用法の流れをシッカリ頭に入れておけばいいんだよ。大丈夫？

練習問題 36　　中心極限定理	CHECK 1	CHECK 2	CHECK 3

母平均 $m = 200$，母標準偏差 $\sigma = 50$ の母集団から，大きさ $n = 100$ の標本を無作為に抽出するとき，その標本平均 $\overline{X}$ が，

(i) $\overline{X} \geqq 209.8$ となる確率と

(ii) $\overline{X} \geqq 212.9$ となる確率を求めよ。

標準正規分布の確率の表

$$\alpha = \int_a^\infty f_s(z)\,dz$$

a	α
1.96	0.025
2.58	0.005

$\left(\begin{array}{l} f_s(z)：標準正規分布の \\ 確率密度 \end{array}\right)$

$n = 100$ は十分大きな標本数と考えていいので，中心極限定理が使える！

標本の大きさ $n = 100$ は，十分大きな数と考えていいので，中心極限定理より，標本平均 $\overline{X}$ は，平均 $m = 200$，標準偏差 $\dfrac{\sigma}{\sqrt{n}} = \dfrac{50}{\sqrt{100}} = \dfrac{50}{10} = 5$ の正規分布 $N(200, 5^2)$ に従うと考えていい。よって，$\overline{X}$ を標準化した変数を $Z = \dfrac{\overline{X} - 200}{5}$ とおくと，Z は，標準正規分布 $N(0, 1)$ に従うものとしていいんだね。

数列

確率分布と統計的推測

1

2

143

よって，

（ⅰ）$\overline{X} \geqq 209.8$ のとき，

この両辺から $200(= m)$ を

引いて，$5\left(= \sqrt{\dfrac{\sigma^2}{n}}\right)$ で割ると，

$$\underbrace{\frac{\overline{X} - 200}{5}}_{\boxed{Z}} \geqq \underbrace{\frac{9.8}{5}}_{\boxed{1.96}} \quad より，$$

標準正規分布の確率の表

$$\alpha = \int_a^\infty f_s(z)\,dz$$
$$\left(f_s(z) = \frac{1}{\sqrt{2\pi}}\, e^{-\frac{z^2}{2}} \right)$$

a	α
1.96	0.025
2.58	0.005

$Z \geqq 1.96$ となるので，標準正規分布の確率の表より

$$P(\overline{X} \geqq 209.8) = P(Z \geqq \underbrace{1.96}_{\boxed{a}}) = \underbrace{0.025}_{\boxed{\alpha}} \quad となる。次に，$$

（ⅱ）$\overline{X} \geqq 212.9$ のとき，

この両辺から $200(= m)$ を引いて，$5\left(= \sqrt{\dfrac{\sigma^2}{n}}\right)$ で割ると，

$$\underbrace{\frac{\overline{X} - 200}{5}}_{\boxed{Z}} \geqq \underbrace{\frac{12.9}{5}}_{\boxed{2.58}} \quad より，$$

$Z \geqq 2.58$ となるので，標準正規分布の確率の表より

$$P(\overline{X} \geqq 212.9) = P(Z \geqq \underbrace{2.58}_{\boxed{a}}) = \underbrace{0.005}_{\boxed{\alpha}} \quad となる。大丈夫？$$

この後，標準正規分布の標準化変数 $Z = 1.96$ と $Z = 2.58$ いう 2 つの数値は重要な意味をもってくるんだ。つまり，$P(1.96 \leqq Z) = 0.025$ ということは，右図のように $f_s(z)$ の対称性から，

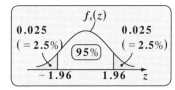

$P(-1.96 \leqq Z \leqq 1.96) = 0.95(= 95\%)$ ということになる。また，$P(2.58 \leqq Z) = 0.005$ ということは，右図から同様に $P(-2.58 \leqq Z \leqq 2.58) = 0.99(= 99\%)$ ということになるからだ。

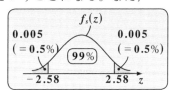

　今日の講義では，標本平均 $\overline{X}$ の平均 $E(\overline{X}) = m$（母平均）から，母平均 m の値を $\overline{X}$ で推定できることが分かったんだね。でも，これはあくまでも母平均 m の値を推定しているので，"**点推定**"ということも覚えておこう。

　これに対して標準正規分布 $N(0, 1)$ を用いて，標準化変数 Z の

$$\begin{cases} (\text{i}) \, 95\% \text{ 存在区間の確率 } P(-1.96 \leq Z \leq 1.96) = 0.95 (= 95\%) \text{ や} \\ (\text{ii}) \, 99\% \text{ 存在区間の確率 } P(-2.58 \leq Z \leq 2.58) = 0.99 (= 99\%) \end{cases}$$

を利用すると，母平均 m の値が 95% の確率で存在する範囲や，99% の確率で存在する範囲を推定することができる。このように，母平均 m の値の範囲を推定することを，"**区間推定**"という。これも覚えておこう。

　ン？難しそうだけれど，面白そうだって？そうだね。この母平均 m の区間推定については，次回の講義でまた分かりやすく解説するので，楽しみにしていてほしい。

　では，今日の講義の内容を基にして，さらに応用の話に入っていくので，まず，今日解説した内容をヨ～ク復習しておくんだよ！

数学って，「基本が固まれば，応用は速い！」ので，シッカリ復習して，次回の講義に臨むといいんだね。

　それでは，次回の講義でまた会おう。みんな，元気でね…。

みんな，おはよう！　前回の復習はシッカリやったかい？ 今日の講義で
"確率分布と統計的推測"の解説も最終回になるんだね。

前回の講義で，標準正規分布 $N(0, 1)$ の標準化変数 Z について，

(i) $P(-1.96 \leq Z \leq 1.96) = 0.95$ ……① と

(ii) $P(-2.58 \leq Z \leq 2.58) = 0.99$ ……② になることを示したんだね。

そして，今日の講義では，この 2 つの確率の公式を基にして，

(I) 標本平均 $\overline{X}$ を使って，母平均 m が **95%** の確率で存在する範囲と，**99%** の
確率で存在する範囲 (これらは，それぞれ母平均 m の **"95%信頼区間"**,
"99%信頼区間" という)を導くことができる。これを **"区間推定"** と
いうんだね。また，

(II) 日本国民のある政党 X に対する支持率のように，ある性質をもつもの
の全体に対する比率 (割合い)のことを，母集団の場合は **"母比率"** p,
標本の場合は **"標本比率"** $\overline{p}$ という。ここで，標本比率 $\overline{p}$ を使って，母
比率 p の **"95%信頼区間"** や **"99%信頼区間"** を求めることができる
ことも示そう。そして，次に，

(III) たとえば，「あるメーカーの袋菓子の内容量が **90g**」……(*) と表示し
てあったとする。ここで，この表示に偽りがないか，調べるために n
個の標本を抽出して測定した結果，内容量の平均が **89.3g** であったと
する。このとき，(*)の表示は統計的に棄却されないか？されるか？を

> 「捨てる」という意味

"有意水準" $0.05(=5\%)$ または $0.01(=1\%)$ で判断することができるん

> $1-0.95$ のこと　　$1-0.99$ のこと

だね。この操作のことを **"検定"** (テスト)という。

ン？用語が難しくて，何のことかサッパリ分からん，って!? 当然だね。
統計用語って特に難解に聞こえるからね。でも，これらのことについても，
1 つ 1 つ丁寧に解説していくから，すべて理解できるはずだよ。

そして，これらの用語を正確に使いこなして，区間推定や検定を正確に計算
できるようになると，社会人になったときに，カッコ良いからね。頑張ろうな！

それではまず，母平均 m の信頼区間について講義を始めよう。

146

● 母平均 m の存在範囲を推定してみよう！

これまで，母集団の母平均 m と母分散 σ^2 (または，標準偏差 σ) は既知

> "分かっている" の意味

として解説してきたけれど，現実には，標本調査しか行えない場合が多いんだね。したがって，ここでは，母分散 σ^2 (または，標準偏差 σ) は既知だけれど，母平均 m は未知として，標本平均 $\overline{X}$ の値から

> "分かっていない" の意味

(I) 母平均 m の 95% "信頼区間" と

(II) 母平均 m の 99% "信頼区間" を求めてみることにしよう。

この "信頼区間" とは何か，と言うと，95%(または，99%) の確率で母平均 m が存在する値の範囲のことで，標本平均 $\overline{X}$ とこれを標準化した $Z = \dfrac{\overline{X} - m}{\frac{\sigma}{\sqrt{n}}}$ から導き出すことができる。ではまず，

> 標準化変数
> $Z = \dfrac{\overline{X} - (平均)}{(標準偏差)}$

(I) 母平均 m の 95% 信頼区間を求めてみよう。

これはまず，標準正規分布で，標準化変数 Z が 95% 存在し得る範囲を押さえることから始めればいい。前に解説した通り，$-1.96 \leqq Z \leqq 1.96$ となる確率が $0.95(= 95\%)$ だったので，

$$P(-1.96 \leqq Z \leqq 1.96) = 0.95 \quad \cdots\cdots① \quad となる。$$

ここで，$Z = \dfrac{\overline{X} - m}{\frac{\sigma}{\sqrt{n}}} \quad \cdots\cdots②$ を①に代入すると，

$$P\left(-1.96 \leqq \dfrac{\overline{X} - m}{\frac{\sigma}{\sqrt{n}}} \leqq 1.96\right) = 0.95 \quad \cdots\cdots①' \quad となる。$$

確率 P の ( ) 内の各辺に $\dfrac{\sigma}{\sqrt{n}}$ をかけると，

$$P\left(\underbrace{-1.96 \dfrac{\sigma}{\sqrt{n}}}_{(\text{i})} \leqq \underbrace{\overline{X} - m \leqq 1.96 \dfrac{\sigma}{\sqrt{n}}}_{(\text{ii})}\right) = 0.95 \quad \cdots\cdots①'' \quad となる。$$

ここで，この P の ( ) 内を，2 つの不等式 (i)___と (ii)〰〰に分解

147

して変形すると，

(i) $-1.96\dfrac{\sigma}{\sqrt{n}} \leqq \overline{X} - m$ より， $m \leqq \overline{X} + 1.96\dfrac{\sigma}{\sqrt{n}}$ となるし，また，

(ii) $\overline{X} - m \leqq 1.96\dfrac{\sigma}{\sqrt{n}}$ より， $\overline{X} - 1.96\dfrac{\sigma}{\sqrt{n}} \leqq m$ となるのはいいね。

これから， $P\left(\underbrace{-1.96\dfrac{\sigma}{\sqrt{n}} \leqq \overline{X} - m}_{(\text{i})} \leqq \underbrace{1.96\dfrac{\sigma}{\sqrt{n}}}_{(\text{ii})}\right) = 0.95$ …① '' は，

$P\left(\underbrace{\overline{X} - 1.96\dfrac{\sigma}{\sqrt{n}}}_{(\text{ii})} \leqq m \leqq \underbrace{\overline{X} + 1.96\dfrac{\sigma}{\sqrt{n}}}_{(\text{i})}\right) = 0.95$ …① ''' となる。

① ''' をみると， $\overline{X}$ と σ と n は既知だから，結局，母平均 m が 95% の確率で存在する範囲，すなわち "**95% 信頼区間**" が，

$$\overline{X} - 1.96\dfrac{\sigma}{\sqrt{n}} \leqq m \leqq \overline{X} + 1.96\dfrac{\sigma}{\sqrt{n}} \quad\cdots\cdots(*1)$$ と導かれたんだね。

(Ⅱ) 母平均 m の 99% 信頼区間も，

$P(-2.58 \leqq Z \leqq 2.58) = 0.99$ ……② から同様に変形して，

$\boxed{\dfrac{\overline{X} - m}{\dfrac{\sigma}{\sqrt{n}}}}$

$\left(\text{① ''' の 1.96 に 2.58 が代入されているだけだ！}\right)$

$P\left(\overline{X} - 2.58\dfrac{\sigma}{\sqrt{n}} \leqq m \leqq \overline{X} + 2.58\dfrac{\sigma}{\sqrt{n}}\right) = 0.99$ ……②′ となる。

よって，母平均 m の "**99% 信頼区間**" は

$$\overline{X} - 2.58\dfrac{\sigma}{\sqrt{n}} \leqq m \leqq \overline{X} + 2.58\dfrac{\sigma}{\sqrt{n}} \quad\cdots\cdots(*2)$$ と導かれる。

95% 信頼区間に比べて，99% 信頼区間の方がより，母平均 m の存在する確率は高いわけだけれど，その分，係数が 1.96 から 2.58 に変化して，存在範囲が広がってしまうんだね。

このように，母平均 m の 95%(または，99%)信頼区間を推定することを "**区間推定**" と呼び，この確率の 95% や 99% のことを "**信頼度**" と呼ぶことも覚えておこう。

それでは，練習問題を 1 題解いておこう。

| 練習問題 37 | 母平均 m の区間推定（Ⅰ） | CHECK 1 | CHECK 2 | CHECK 3 |

母標準偏差 12 の母集団から，大きさ 144 の標本を無作為に抽出した結果，その標本平均は 100 であったとする。このとき，母平均 m の 95% 信頼区間を求めよう。

95% 信頼区間の公式：$\overline{X} - 1.96 \dfrac{\sigma}{\sqrt{n}} \leqq m \leqq \overline{X} + 1.96 \dfrac{\sigma}{\sqrt{n}}$ ……$(*1)$ を利用すればいいんだね。簡単だね！

標本平均 $\overline{X} = 100$，母標準偏差 $\sigma = 12$，標本の大きさ $n = 144 (= 12^2)$ より，これらを，母平均 m の 95% 信頼区間の公式：

$\overline{X} - 1.96 \dfrac{\sigma}{\sqrt{n}} \leqq m \leqq \overline{X} + 1.96 \dfrac{\sigma}{\sqrt{n}}$ ……$(*1)$ に代入して，

$100 - 1.96 \underbrace{\dfrac{12}{\sqrt{144}}}_{\boxed{\frac{12}{12}=1}} \leqq m \leqq 100 + 1.96 \underbrace{\dfrac{12}{\sqrt{144}}}_{\boxed{1}}$ より，母平均の 95% 信頼区間が，

$98.04 \leqq m \leqq 101.96$ と求められるんだね。大丈夫？

つまり，m は 95% の確率で，$98.04 \leqq m \leqq 101.96$ の範囲に入ると言っているんだね。でも，この範囲をさらにしぼりたい場合，どうすればいいか分かる？ …，そうだね。標本の大きさ n を大きくすればいいんだね。ただし，$(*1)$ の左右両辺の分母に $\sqrt{n}$ があるので，たとえば，この範囲を半分にしぼりたかったら，標本の個数 n は 4 倍にして，$n = 144 \times 4 = 576 (= 24^2)$ にしなければならない。このとき $(*1)$ より

$100 - 1.96 \underbrace{\dfrac{12}{\sqrt{576}}}_{\boxed{\frac{12}{24}=\frac{1}{2}}} \leqq m \leqq 100 + 1.96 \underbrace{\dfrac{12}{\sqrt{576}}}_{\boxed{\frac{1}{2}}}$ となるので，ナルホド

$99.02 \leqq m \leqq 100.98$ と，m の範囲は半分にしぼれるんだね。

ン？でも，母集団分布の母平均 m だけが未知で，母分散 σ^2 (または，標準偏差 σ) が既知なのは，変だって!? 当然の疑問だね。一般には，母分散 σ^2 (または，標準偏差 σ) も未知と考える方が自然だからね。この場合，抽出した n 個の標本から，標本平均 $\overline{X}$ だけでなく**標本標準偏差 S** も計算できるので，n が十分大きければ，近似的にこれを (∗1) や (∗2) の母標準偏差 σ の代わりに代用できることが分かっている。

では，以上の内容をまとめて示しておくね。

■ 母平均 m の区間推定

(I) 母標準偏差 σ が既知のとき，

  (i) 母平均 m の **95%** 信頼区間は，次のようになる。

$$\overline{X} - 1.96\,\frac{\sigma}{\sqrt{n}} \leqq m \leqq \overline{X} + 1.96\,\frac{\sigma}{\sqrt{n}} \quad\cdots\cdots(\ast 1)$$

  (ii) 母平均 m の **99%** 信頼区間は，次のようになる。

$$\overline{X} - 2.58\,\frac{\sigma}{\sqrt{n}} \leqq m \leqq \overline{X} + 2.58\,\frac{\sigma}{\sqrt{n}} \quad\cdots\cdots(\ast 2)$$

(II) 母標準偏差 σ が未知のとき，

  (i) 母平均の **95%** 信頼区間は，次のように近似できる。

$$\overline{X} - 1.96\,\frac{S}{\sqrt{n}} \leqq m \leqq \overline{X} + 1.96\,\frac{S}{\sqrt{n}} \quad\cdots\cdots(\ast 1)'$$

  (ii) 母平均の **99%** 信頼区間は，次のようになる。

$$\overline{X} - 2.58\,\frac{S}{\sqrt{n}} \leqq m \leqq \overline{X} + 2.58\,\frac{S}{\sqrt{n}} \quad\cdots\cdots(\ast 2)'$$

  (ただし，$\overline{X}$: 標本平均，S : 標本標準偏差)

実は，標本標準偏差 S の求め方にも少し工夫がいるんだけれど，これは問題文で数値として与えられると思うので，今は気にしなくていいよ。

それでは，母標準偏差 σ が未知のときの母平均 m の区間推定の問題をもう 1 題解いておこう。

練習問題 38 | 母平均 m の区間推定(II) | CHECK1 | CHECK2 | CHECK3

ある国の **17** 歳の女子の中から，**400** 人を無作為に抽出して，身長を測定した結果，標本平均は **160cm**，標本標準偏差は **4cm** であった。この国の女子の平均身長 m を，信頼度 **99%** で区間推定せよ。

母標準偏差 σ が未知の場合の，母平均 m の **99%** 信頼区間の問題なので，

公式：$\overline{X} - 2.58 \dfrac{S}{\sqrt{n}} \leqq m \leqq \overline{X} + 2.58 \dfrac{S}{\sqrt{n}}$ …($*2$)′ を利用すればいい。

標本平均 $\overline{X} = 160\text{cm}$，標本標準偏差 $S = 4\text{cm}$，標本の大きさ $n = 400(= 20^2)$ より，これらを，σ は未知で母平均 m の **99%** 信頼区間の公式：

$$\overline{X} - 2.58 \frac{S}{\sqrt{n}} \leqq m \leqq \overline{X} + 2.58 \frac{S}{\sqrt{n}} \quad \cdots\cdots (*2)'$$ に代入して，

$$160 - 2.58 \underbrace{\frac{4}{\sqrt{400}}}_{\boxed{\frac{4}{20} = \frac{1}{5}}} \leqq m \leqq 160 + 2.58 \underbrace{\frac{4}{\sqrt{400}}}_{\boxed{\frac{1}{5}}} \text{ より，}$$

母平均 m の **99%** 信頼区間は，

$159.484 \leqq m \leqq 160.516$ と求められるんだね。大丈夫だった？

● 母比率の推定にもチャレンジしよう！

たとえば，大量に生産された工業生産物の不良品の割合とか，日本の全有権者の **X** 政党への支持率とか，ある性質をもつものの全体に対する比率を，母集団の場合は "**母比率**"，標本の場合は "**標本比率**" というんだね。

ここでは，母比率を p，標本比率を $\overline{p}$ とおくことにして，$\overline{p}$ を用いて，母比率 p の "**95% 信頼区間**" や "**99% 信頼区間**" を求めてみることにしよう。何故，こんなことをするのか？もう分かるね。母比率を求めるには全量検査が必要で，手間とコストがかかるため，抽出した標本の標本比率から推定する方が合理的だからなんだね。

不良品や政党の支持など，ある性質 A に対して，母比率 p をもつ母集団から，大きさ n の標本を無作為に抽出する様子を図4に示した。

図4　母比率の推定

母集団

母比率 p
(そうでない比率 q)

大きさ n の標本

標本比率 $\overline{p}$
(そうでない比率 $\overline{q}$)

　この場合，1つ1つの標本を n 回抽出すると考えれば，これは事象 A が n 回中 r 回起こる反復試行の確率 P_r を求めることと同様であることが分かるね。つまり，1回の試行 (抽出) で事象 A の起こる確率が p であり，起こらない確率は $q = 1 - p$ となるので，n 回中 r 回だけ事象 A の起こる反復試行の確率と同様に，n 個の標本中 r 個が A の性質をもつ確率を P_r とおくと，

$P_r = {}_nC_r\, p^r q^{n-r}$ $(r = 0, \ 1, \ 2, \ \cdots, \ n)$　となるんだね。よって，A の性質をもつ r 個の標本の数を確率変数 $X = r$ $(r = 0, \ 1, \ 2, \ \cdots, \ n)$ とおくと，X は二項分布 $\underline{B(n, p)}$ に従うことになる。

> この平均は np，　分散は $npq = np(1-p)$ だね。

ここで，n が十分大きいとき，$B(n, p)$ は近似的に正規分布 $N(np,\ np(1-p))$ になるんだったね。ここで，さらに n が十分に大きければ，分散 $np(1-p)$ の p を標本比率 $\overline{p}\left(\overline{p} = \dfrac{X}{n}\ となる\right)$ でおきかえることができる。よって，この確率変数 X は正規分布 $N(np,\ n\overline{p}(1-\overline{p}))$ に従うことになるんだね。こうなれば，後は，X から平均 np を引いて，標準偏差 $\sqrt{n\overline{p}(1-\overline{p})}$ で割って，標準化変数 Z，すなわち

$Z = \dfrac{X - np}{\sqrt{n\overline{p}(1-\overline{p})}}$ に持ち込めば，Z は標準正規分布 $N(0, 1)$ に従うことになる。よって，Z が 95%，あるいは 99% 存在する範囲を押さえることにより，母比率 p の 95% と 99% の "**信頼区間**" を標本比率 $\overline{p}$ から求めることができるんだね。ではまず，

（Ⅰ）母比率 p の **95%** 信頼区間を求めてみよう。

$$P\left(-1.96 \leqq \underbrace{\frac{X-np}{\sqrt{n\overline{p}(1-\overline{p})}}}_{(Z)} \leqq 1.96\right) = 0.95 \cdots ① \quad より,$$

確率 P の ( ) 内の各辺に $\sqrt{n\overline{p}(1-\overline{p})}$ をかけると,

$$P(\underbrace{-1.96\sqrt{n\overline{p}(1-\overline{p})}}_{(ⅰ)} \leqq X-np \leqq \underbrace{1.96\sqrt{n\overline{p}(1-\overline{p})}}_{(ⅱ)}) = 0.95 \cdots ①'となる。$$

確率 P の ( ) 内の **2** つの不等式 (ⅰ)＿＿ と (ⅱ)～～に分解して,

変形すると,

(ⅰ) $-1.96\sqrt{n\overline{p}(1-\overline{p})} \leqq X-np$ より, $np \leqq X+1.96\sqrt{n\overline{p}(1-\overline{p})}$

両辺を n で割って,

$$p \leqq \underbrace{\frac{X}{n}}_{\overline{p} のこと} + 1.96\frac{\sqrt{n\overline{p}(1-\overline{p})}}{n} \quad \therefore p \leqq \overline{p} + 1.96\sqrt{\frac{\overline{p}(1-\overline{p})}{n}} \quad となる。$$

(ⅱ) $X-np \leqq 1.96\sqrt{n\overline{p}(1-\overline{p})}$ より, $X-1.96\sqrt{n\overline{p}(1-\overline{p})} \leqq np$

両辺を n で割って,

$$\underbrace{\frac{X}{n}}_{\overline{p} のこと} - 1.96\frac{\sqrt{n\overline{p}(1-\overline{p})}}{n} \leqq p \quad \therefore \overline{p} - 1.96\sqrt{\frac{\overline{p}(1-\overline{p})}{n}} \leqq p \quad となる。$$

以上 (ⅰ)(ⅱ) より, ①' は,

$$P\left(\underbrace{\overline{p} - 1.96\sqrt{\frac{\overline{p}(1-\overline{p})}{n}}}_{(ⅱ)} \leqq p \leqq \underbrace{\overline{p} + 1.96\sqrt{\frac{\overline{p}(1-\overline{p})}{n}}}_{(ⅰ)}\right) = 0.95 \cdots ①''$$

となるので, これから母比率 p の **"95% 信頼区間"** が,

$$\overline{p} - 1.96\sqrt{\frac{\overline{p}(1-\overline{p})}{n}} \leqq p \leqq \overline{p} + 1.96\sqrt{\frac{\overline{p}(1-\overline{p})}{n}} \quad \cdots\cdots(*3) \quad と導ける。$$

（Ⅱ）母比率 p の **99%** 信頼区間も同様に求めると, $(*3)$ の **1.96** が **2.58** に

変わるだけだから,

$$\overline{p} - 2.58\sqrt{\frac{\overline{p}(1-\overline{p})}{n}} \leqq p \leqq \overline{p} + 2.58\sqrt{\frac{\overline{p}(1-\overline{p})}{n}} \cdots (*4)$$ となるんだね。

大丈夫だね。それでは，例題を 1 題解いておこう。

(ex) 日本国内のすべての有権者から無作為に抽出した 10000 人の内，X
政党を支持する人は 2000 人であった。日本の全有権者の X 政党への
支持率 $\overline{p}$ の 99% 信頼区間を求めてみよう。

$\overline{p} = \dfrac{2000}{10000} = 0.2$，$n = 10000$ だから，これらを $(*4)$ に代入するだけ
だね。よって，

$$0.2 - 2.58 \times \underbrace{\sqrt{\frac{0.2 \times 0.8}{10000}}}_{\boxed{0.004}} \leqq p \leqq 0.2 + 2.58 \times \underbrace{\sqrt{\frac{0.2 \times 0.8}{10000}}}_{\boxed{0.004}}$$

$$0.2 - \underbrace{2.58 \times 0.004}_{\boxed{0.01032}} \leqq p \leqq 0.2 + \underbrace{2.58 \times 0.004}_{\boxed{0.01032}}$$

$0.18968 \leqq p \leqq 0.21032$ となる。よって，求める p の 99% 信頼区間は，
約 18.97% 以上約 21.03% 以下ということになるんだね。

では，少し応用問題になるけれど，次の練習問題もやってみよう。

練習問題 39	母比率の区間推定	CHECK 1	CHECK 2	CHECK 3

全国である病気の 100 万人の患者の中から，400 人を無作為に抽出して，
ある新薬を投与したところ，240 人の患者に効果があった。この新薬の効果
率を p とおいて，この p の (i) 95% 信頼区間と (ii) 99% 信頼区間を求めよ。
また，(ii) の p の 99% 信頼区間の幅を半分にするためには，抽出する患
者の数 (標本の大きさ) をどのようにすればよいか。(ただし，標本の数が
変わっても，標本の効果率は変化しないものとする。)

(i) では，p の 95% 信頼区間の公式：

$$\overline{p} - 1.96\sqrt{\frac{\overline{p}(1-\overline{p})}{n}} \leqq p \leqq \overline{p} + 1.96\sqrt{\frac{\overline{p}(1-\overline{p})}{n}}$$ を利用し，また，

(ii) でも，同様に p の 99% 信頼区間の公式を利用すればいいんだね。

まず，母集団 (100 万人の患者) に対する新薬の効果率を p とおこう。
そして，標本の大きさ $n = 400$ であり，標本の効果率を $\overline{p}$ とおくと，
$\overline{p} = \dfrac{240}{400} = \dfrac{3}{5} = 0.6$ となる。ここで，$n = 400$ は十分に大きいと考えられ
るので，効果率 p の (i) 95% 信頼区間と (ii) 99% 信頼区間は公式を使って，
次のように求めることができるんだね。

(i) p の 95% 信頼区間は，

$$\text{公式}：\overline{p} - 1.96\sqrt{\dfrac{\overline{p}(1-\overline{p})}{n}} \leqq p \leqq \overline{p} + 1.96\sqrt{\dfrac{\overline{p}(1-\overline{p})}{n}} \text{ より，}$$

$$0.6 - 1.96 \times \sqrt{\dfrac{0.6 \times 0.4}{400}} \leqq p \leqq 0.6 + 1.96 \times \sqrt{\dfrac{0.6 \times 0.4}{400}}$$

$$\boxed{\sqrt{\dfrac{6 \times 4}{40000}} = \sqrt{\dfrac{6}{10000}} = \sqrt{\dfrac{6}{10^4}} = \dfrac{\sqrt{6}}{10^2} = \dfrac{\sqrt{6}}{100} = \dfrac{2.449\cdots}{100} \doteqdot 0.0245}$$

$$0.6 - \underbrace{1.96 \times 0.0245}_{\boxed{0.048}} \leqq p \leqq 0.6 + \underbrace{1.96 \times 0.0245}_{\boxed{0.048}}$$

$\therefore 0.552 \leqq p \leqq 0.648$ となるんだね。大丈夫？

(ii) 次に，p の 99% 信頼区間は，

$$\text{公式}：\underline{\underline{\overline{p} - 2.58\sqrt{\dfrac{\overline{p}(1-\overline{p})}{n}}}} \leqq p \leqq \underwave{\overline{p} + 2.58\sqrt{\dfrac{\overline{p}(1-\overline{p})}{n}}} \cdots\cdots(*) \text{ より，}$$

$$\underbrace{0.6 - 2.58 \times \sqrt{\dfrac{0.6 \times 0.4}{400}}}_{\boxed{0.6 - 2.58 \times 0.0245 \doteqdot 0.537}} \leqq p \leqq \underbrace{0.6 + 2.58 \times \sqrt{\dfrac{0.6 \times 0.4}{400}}}_{\boxed{0.6 + 2.58 \times 0.0245 \doteqdot 0.663}}$$

$\therefore 0.537 \leqq p \leqq 0.663$ となるんだね。これも大丈夫？

ここで，(ii) の p の 99% 信頼区間の幅は，$(*)$ の公式より，

$$\underwave{\cancel{\overline{p}} + 2.58\sqrt{\dfrac{\overline{p}(1-\overline{p})}{n}}} - \left(\underline{\underline{\cancel{\overline{p}} - 2.58\sqrt{\dfrac{\overline{p}(1-\overline{p})}{n}}}}\right) = \underline{\underline{2 \times 2.58\sqrt{\dfrac{\overline{p}(1-\overline{p})}{n}}}}$$

$$\boxed{0.663 - 0.537 = 0.126 \text{ のこと。}}$$

これに，$\overline{p} = 0.6$，$n = 400$ を代入して，

$$2 \times 2.58 \times \sqrt{\dfrac{0.6 \times 0.4}{400}} \cdots\cdots① \text{ となるんだね。この①の幅を半分にするための}$$

標本の大きさを n' とおくと，

①と同様に，

$$2 \times 2.58 \times \sqrt{\frac{0.6 \times 0.4}{400}} \quad \cdots\cdots ①$$

$$2 \times 2.58 \times \sqrt{\frac{0.6 \times 0.4}{n'}} \quad \cdots\cdots ② \quad となる。そして，② = \frac{1}{2} \times ① より，$$

$$2 \times 2.58 \times \sqrt{\frac{0.6 \times 0.4}{n'}} = \frac{1}{2} \times 2 \times 2.58 \times \sqrt{\frac{0.6 \times 0.4}{400}} \quad \cdots\cdots ③ \quad となるんだね。$$

これから，$\dfrac{1}{\sqrt{n'}} = \dfrac{1}{2} \times \dfrac{1}{\sqrt{400}} = \dfrac{1}{2} \times \dfrac{1}{20} = \dfrac{1}{40}$ より，

$\sqrt{n'} = 40 \qquad \therefore n' = 40^2 = 1600$ となって，答えだ。

このように，信頼区間の幅を $\dfrac{1}{2}$ にしようとすると，標本の大きさは $n = 400 (人)$ から $n' = 1600 (人)$ に，つまり **4** 倍に増やさないといけないことが分かったんだね。面白かった？ では次，検定の解説に入ろう。

● **母平均の仮説 $H_0 : m = m_0$ を検定しよう！**

母平均 m についてある"**仮説**"($m = m_0$)を立て，それを"**棄却**"するか？どうか？を，統計的に"**検定**"(テスト)する。まず，この検定の定義を示し，その後，検定を行うためのやり方について解説しよう。

■ **仮説の検定**

母平均 m について，
「仮説 $H_0 : m = m_0$」を立てる。
母集団から無作為に抽出した標本 $X_1, X_2, X_3, \cdots, X_n$ を基に，この仮説を棄却するかどうかを統計的に判断することを，"**検定**"と呼ぶ。

具体的な検定の方法は次の通りだ。

(I) まず，「仮説 $H_0 : m = m_0$」を立てる。

　　(**対立仮説** $H_1 : m \neq m_0$ など)　←──｜仮説とは別に立てた仮説｜

(II) "**有意水準** α" を予め $0.05 (= 5\%)$ または $0.01 (= 1\%)$ などに定める。

(Ⅲ) 無作為に抽出した標本 X_1, X_2, $\cdots$, X_n を基に<ruby>検定統計量<rt>けんていとうけいりょう</rt></ruby>"を作る。

> 具体的には，$Z = \dfrac{\overline{X} - m}{\dfrac{\sigma}{\sqrt{n}}}$ のことで，標準化変数のことだね。

(Ⅳ) 検定統計量 (新たな確率変数) が従う標準正規分布の数表から，有意水準 α による"**棄却域 R**"を定める。

(Ⅴ) 標本の具体的な数値による検定統計量(新たな確率変数)Z の実現値 z が，

$\begin{cases} (\,\mathrm{i}\,) \ 棄却域\ R\ に入るとき，仮説\ H_0\ は棄却される。\\ (\,\mathrm{ii}\,) \ 棄却域\ R\ に入らないとき，仮説\ H_0\ は棄却されない。 \end{cases}$

ン？ 何のことかさっぱり分からないって？ …当然だね。これから詳しく解説しよう。しかも，何で，「棄却すること」ばっかり考えてるんだって？ …そうだね。(Ⅴ)の(ⅱ)では，仮説 H_0 が「採用される」とは言わないで，「棄却されない」なんて変な言い方をしているからね。すべて分かるように，これから先程の袋菓子の例題を使って解説しよう。

この検定の講義では，解説を単純化するために，母集団はすべて正規分布 $N(m, \sigma^2)$ に従うものとして解説することにしよう。

練習問題 40	仮説：$m = m_0$ の検定	CHECK 1	CHECK 2	CHECK 3

あるお菓子メーカーの袋菓子の内容量が **90g** と表示してあった。ある消費者団体が，この表示に偽りがないかを調べるために，無作為に選んだ **16** 個の袋菓子の内容量を測定した結果，平均の内容量が **89.3g** であった。この袋菓子全体の内容量は，正規分布 $N(m, 4)$ に従うものとする。このとき，
「仮説 H_0：袋菓子全体の平均の内容量は **90g** である。」
を有意水準 $\alpha = 0.05 (= 5\%)$ で検定せよ。

まだ，用語の意味など，ピンとこないこともある状態だと思うけれど，とにかく，この仮説 H_0 を，前述した (Ⅰ) 〜 (Ⅴ) の手順に従って検定 (テスト) していくことにしよう。

(I) 袋菓子全体 (母集団) の母平均を m とおくと，「仮説 $H_0 : m = 90$」となる。この対立仮説として，「対立仮説 $H_1 : m \neq 90$」とする。

仮説 H_0：$m = m_0$ のこと

仮説 H_0 が棄却されるとき，対立仮説 H_1 が採用される。

(Ⅱ) 有意水準 $\alpha = 0.05 (= 5\%)$ で，仮説 H_0 を検定する。

有意水準 α は，これ以外に $\alpha = 0.01 (= 1\%)$ とすることも多い。
この $\alpha = 0.05$ や 0.01 は区間推定でよく使った確率だね。
今回も，同様に重要な役割を演じることになる。

(Ⅲ) 正規分布 $N(m, 4)$ に従う母集団 (全袋菓子の内容量のデータ) から，

母分散 $\sigma^2 = 4$ (既知)

無作為に抽出した 16 個の標本 $X_1, X_2, \cdots, X_{16}$ の標本平均 $\overline{X} \left(= \dfrac{1}{16} \displaystyle\sum_{k=1}^{16} x_k \right)$ は，

正規分布 $N\left(m, \dfrac{4}{16} \right)$，すなわち $N\left(m, \dfrac{1}{4} \right)$ に従う。

($\dfrac{4}{16}$ の分子 4 は σ^2)

よって，この標準化変数 Z を検定統計量として，

$$Z = \dfrac{\overline{X} - 90}{\sqrt{\dfrac{4}{16}}} \left(= \dfrac{\overline{X} - m_0}{\dfrac{\sigma}{\sqrt{n}}} \right) \text{とおくと，}$$

Z は標準正規分布 $N(0, 1)$ に従う。

(Ⅳ) よって，**P143** の標準正規分布表より，

$$z\left(\dfrac{\alpha}{2} \right)$$
$$= z(0.025)$$
$$= 1.96$$

これから，有意水準 $\alpha = 0.05$ による棄却域は下のようになる。

仮説 H_0	$m = 90$
対立仮説 H_1	$m \neq 90$
有意水準 α	0.05
標本数 n	16
標本平均 $\overline{X}$	89.3
母分散 σ^2	4
検定統計量 Z	$\dfrac{\overline{X} - m_0}{\dfrac{\sigma}{\sqrt{n}}}$
$z\left(\dfrac{\alpha}{2} \right)$	1.96
棄却域 R	$z = -1.4$ ... $-1.96 \quad 1.96$
検定結果	仮説 H_0 は棄却されない。

表

このように表にまとめると，分かりやすいはずだ。

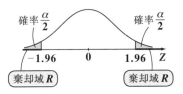

確率 $\dfrac{\alpha}{2}$　　　　確率 $\dfrac{\alpha}{2}$

-1.96　　0　　1.96　Z

棄却域 R　　　棄却域 R

(V) $\overline{X} = 89.3$ より，Z の実現値 z は，

$$z = \frac{\overline{X} - m_0}{\frac{\sqrt{4}}{\sqrt{16}}} = \frac{4 \times (89.3 - 90)}{2} = \frac{4 \times (-0.7)}{2} = -1.4 \ \text{となる。}$$

よって，検定統計量 Z の実現値
$z = -1.4$ は棄却域 R に入って
いない。

∴「仮説 $H_0 : m = 90$」は棄却されないことが分かった。これで，検定終了です！

どう？ このように具体的に計算することによって，検定の意味がかなり明らかになったでしょう？ さらに，解説しよう。

もし標本平均 $\overline{X}$ のみが $\overline{X} = 88.9$ で，他はすべて練習問題 **40**（**P157**）と同じ条件であった場合を考えてみよう。このとき，この検定統計量 Z の実現値 z は，

$$z = \frac{\overline{X} - m_0}{\frac{\sqrt{4}}{\sqrt{16}}} = \frac{4 \times (88.9 - 90)}{2} = \frac{4 \times (-1.1)}{2} = -2.2$$

となって，シッカリ棄却域 R
の中に入ってしまう。

棄却域 R というのは，確率 $\alpha = 0.05$（5%）でしか起こり得ない領域なんだね。ところが，このようにめったに起こらないことが起こってしまったいうことは，はじめの仮説 $H_0 : m = 90$ に問題があったと見なさなければならない。よって，この仮説 H_0 は棄̇却̇さ̇れ̇て̇，対立仮説である $H_1 : m \neq 90$ を採̇用̇す̇る̇ことになる。

それでは，元の練習問題 **40** のように，$\overline{X} = 89.3$ ならば，z は棄却域 R に入らなかった。このとき，仮説 $H_0 : m = 90$ を何故「採用する」と言わずに，「棄却されない」と言うのか，分かる？ 理由は次の **2** つだ。

理由（ i ） 有意水準 α は，一般に **0.05** や **0.01** に定められる。よって，これに対応する棄却域に入る確率は，5% や 1% と非常に低く，逆に言えば，Z の実現値 z が，棄却域に入らないのは，当̇た̇り̇前̇の̇こ̇と̇で，何̇の̇自̇慢̇に̇も̇な̇ら̇な̇い̇ってことなんだね。むしろ，棄却域に z が入ったときだけ，仮説 H_0 を捨てる積極的な理由ができるということなんだね。

159

理由 (ⅱ) z が棄却域 R に入らなかったからといって，仮説 H_0 を積極的に採用することにならないもう 1 つの理由としては，z が棄却域に入らないような仮説は，H_0 以外にも無数に存在するからだ。

たとえば，$\overline{X}$ は $\overline{X} = 89.3$ のままとして，

H_0' : $m = \underset{\boxed{m_0}}{89.5}$ のときであれば，

$$z = \frac{4(\overline{X} - m_0)}{2} = 2(89.3 - 89.5) = -0.4 \ \text{となるし，また，}$$

H_0'' : $m = \underset{\boxed{m_0}}{88.9}$ のときであれば，

$$z = \frac{4(\overline{X} - m_0)}{2} = 2(89.3 - 88.9) = 0.8 \ \text{となって，}$$

いずれも，右図のように実現値 z は棄却域 $R(z \leqq -1.96$ または $1.96 \leqq z)$ には入らないことが分かるでしょう？これ以外にも，

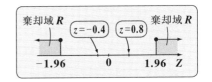

実現値 z が R に入らない仮説は無限に存在するからなんだね。

これから分かるように，z が棄却域 R に入らなかった場合には，「仮説 H_0 をまだ捨てる理由が見つからない」という程度に考えておけばいいんだよ。このように，捨てることを前提にしているので，H_0 のことを "帰無仮説" と呼ぶことも覚えておこう。

無に帰してしまう仮説

では次に，有意水準 α を $\alpha = 0.01$ $(= 1\%)$ とし，他の条件はすべて練習問題 **40** (**P157**) と同じとしたとき帰無仮説 H_0 : $m = 90$ を検定してみよう。

このとき，右図に示すように棄却域 R は，$z \leqq -2.58$ または $2.58 \leqq z$ に変化するんだね。そして，

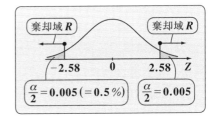

正規分布 $N(m, \underset{\boxed{\sigma^2}}{4})$ に従う母集団から, $n = 16$ 個の標本を抽出して, 測定した結果, その内容量の平均 $\overline{X}$ が $\overline{X} = 89.3$ であり, $\overline{X}$ は正規分布 $N\left(m, \dfrac{\sigma^2}{n}\right)$ に従う。

よって, $\overline{X}$ の標準化変数 Z の実現値 z は,

$$z = \frac{\overline{X} - m_0}{\sqrt{\dfrac{\sigma^2}{n}}} = \frac{89.3 - 90}{\sqrt{\dfrac{4}{16}}} = \frac{\sqrt{16} \cdot (89.3 - 90)}{\sqrt{4}} = 2 \times (-0.7) = -1.4 \text{ となり,}$$

右図より, これは, 棄却域 R に入らない。
よって, 仮説 H_0 は棄却されないことが
分かるね。

では, $\alpha = 0.05$ の場合, 棄却された
$\overline{X} = 88.9$ のときの実現値 z を求めると,

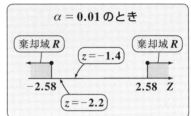

$\alpha = 0.01$ のとき

棄却域 R　　　　　棄却域 R

$z = -1.4$

-2.58　　　2.58　Z

$z = -2.2$

$$z = \frac{\overline{X} - m_0}{\sqrt{\dfrac{\sigma^2}{n}}} = \frac{88.9 - 90}{\sqrt{\dfrac{4}{16}}} = 2 \times (-1.1) = -2.2 \text{ となって, これも, } \alpha = 0.01 \text{ のと}$$

きは棄却域 R に入らないので, 仮説 H_0 は棄却さ̇れ̇な̇い̇ことになるんだね。
このように, 有意水準 $\alpha = 0.05$ と $\alpha = 0.01$ では, 同じ仮説でも, 棄却される場合とされない場合があるんだね。では, どちらの有意水準を使うのが正しいのか? ってことになるんだけれど, この有意水準 α は, $\underset{\boxed{\text{"勝手気まま"という意味}}}{\underline{恣意的}}$なも

ので, どちらが正しいとも言えないんだね。また, $\alpha = 0.05$ や $\alpha = 0.01$ も, これまで多くの人達がこれらの数値を経験上使ってきたということで, 数学的に特に意味のある値ではないことも覚えておくといいよ。

以上, 解説することは沢山あったんだけれど, 母平均 m の仮説:
"$H_0 : m = m_0$" を棄却するか, しないかの検定は非常にシンプルな計算になるんだね。これをまとめて, 次に示しておこう。

母平均の仮説 $H_0 : m = m_0$ の検定

正規分布 $N(m, \sigma^2)$ に従う母集団から n 個の標本を抽出し，その
標本平均が $\overline{X}$ であるとき，$\overline{X}$ は，正規分布 $N\left(m, \dfrac{\sigma^2}{n}\right)$ に従う。
仮説 $H_0 : m = m_0$ の検定を有意水準 α で行うことにする。

(I) $\alpha = 0.05$ のとき，

標準化変数 $Z = \dfrac{\overline{X} - m_0}{\sqrt{\dfrac{\sigma^2}{n}}}$ の実現値 z が，

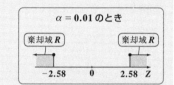

棄却域 $R(z \leqq -1.96, \; 1.96 \leqq z)$ に

$\begin{cases} (\text{i}) \text{入るとき，} H_0 \text{ は棄却される。} \\ (\text{ii}) \text{入らないとき，} H_0 \text{ は棄却されない。} \end{cases}$

(II) $\alpha = 0.01$ のとき，

標準化変数 $Z = \dfrac{\overline{X} - m_0}{\sqrt{\dfrac{\sigma^2}{n}}}$ の実現値 z が，

棄却域 $R(z \leqq -2.58, \; 2.58 \leqq z)$ に

$\begin{cases} (\text{i}) \text{入るとき，} H_0 \text{ は棄却される。} \\ (\text{ii}) \text{入らないとき，} H_0 \text{ は棄却されない。} \end{cases}$

仮説 $H_0 : m = m_0$ の対象は，袋菓子や缶詰の内容量だったり，ある電気製
品の充電時間だったり，様々なものが考えられるわけだけれど，仮説 H_0
の検定に必要な数学上のプロセスを示すと，上記のようにまとめることが
できるんだね。どう？シンプルでしょう？

それでは，例題で練習しておこう。

$(ex1)$ 正規分布 $N(m, \underset{\boxed{\sigma^2}}{9})$ に従う母集団から，$n = 25$ 個の標本を抽出して，この

標本平均 $\overline{X} = 16$ であるとき，有意水準 $\alpha = 0.05$ で，次の仮説：
$H_0 : m = \underset{\boxed{m_0}}{15}$ の検定を行ってみよう。

$\overline{X}$ は，正規分布 $N\left(m, \dfrac{\sigma^2}{n}\right)$ に従うので，$\overline{X}$ の標準化変数 Z の実現値 z は

$$z = \frac{\overline{X} - m_0}{\sqrt{\dfrac{\sigma^2}{n}}} = \frac{16 - 15}{\sqrt{\dfrac{9}{25}}} = \frac{1}{\dfrac{3}{\boxed{5}}} = \frac{5}{3} \doteqdot 1.67$$

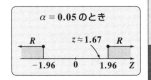

$\alpha = 0.05$ のとき

となって，右図に示す棄却域

$R(z \leqq -1.96,\ 1.96 \leqq z)$ には入らない。

∴仮説 H_0 は棄却されない。大丈夫？

$(ex2)$ 正規分布 $N(m, \underset{\boxed{\sigma^2}}{10})$ に従う母集団から，$n = 20$ 個の標本を抽出して，この

標本平均 $\overline{X} = 22$ であるとき，有意水準 $\alpha = 0.01$ で，次の仮説：

$H_0 : m = \underset{\boxed{m_0}}{20}$ の検定をしてみよう。

$\overline{X}$ は，正規分布 $N\left(m, \dfrac{\sigma^2}{n}\right)$ に従うので，$\overline{X}$ の標準化変数 Z の実現値 z は

$$z = \frac{\overline{X} - m_0}{\sqrt{\dfrac{\sigma^2}{n}}} = \frac{22 - 20}{\sqrt{\dfrac{10}{20}}} = \frac{2}{\dfrac{1}{\boxed{\sqrt{2}}}} = 2\sqrt{2} \doteqdot 2.83$$

$\boxed{1.414\cdots}$

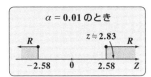

$\alpha = 0.01$ のとき

となって，右図に示す棄却域

$R(z \leqq -2.58,\ 2.58 \leqq z)$ に入る。

∴仮説 H_0 は棄却される。

● 母比率の仮説 $H_0 : p = p_0$ の検定もやってみよう！

では最後に，ある母集団の母比率 p についての仮説の検定にもチャレンジしてみよう。もう基本はできているので，次の練習問題を直接解いてみよう。

練習問題 41	仮説：$p = p_0$ の検定	CHECK 1	CHECK 2	CHECK 3

成人の日本国民から無作為に $n = 400$ 人を選んで，A 政党の支持者を調べたら，**90** 人であった。このとき，この A 政党への支持率 p について，次の仮説：「仮説 $H_0 : p = 0.2$」を有意水準 $\alpha = 0.01 (= 1\%)$ で検定せよ。

A 政党への国民の支持率が p であるとき，$n=400$ 人の標本抽出された人の内，A 政党の支持者は $X=90$ であった。

このとき，支持者数 X を変数とみると，X は二項分布 $B(n, p)$ に従う。ここで，$n=400$ は十分に大きな数と考えられるので，この二項分布 $B(n, p)$ は，正規分布 $N(\underbrace{np}_{m}, \underbrace{npq}_{\sigma^2 = np(1-p)\ (\because q=1-p)})$ で近似することができる。

よって，X は正規分布 $N(np,\ np(1-p))$ に従うことになる。ここで，「仮説：$H_0 : p=0.2$」を有意水準 $\alpha=0.01$ で検定すると，X の標準化変数 Z の実現値 z は，

$$z = \frac{X-m}{\sigma} = \frac{X-np}{\sqrt{n \cdot p \cdot (1-p)}} = \frac{90-400\times 0.2}{\underbrace{\sqrt{400\times 0.2 \times 0.8}}_{4\times 2\times 8 = 64 = 8^2}} = \frac{90-80}{\sqrt{8^2}}$$

$$= \frac{10}{8} = \frac{5}{4} = 1.25$$

となって，右図に示す棄却域 R
($z \leqq -2.58$，$2.58 \leqq z$) には入らない。

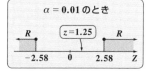

$\therefore$ 仮説 $H_0 : p=0.2$ は棄却されない。

どう？もう，検定の問題も楽に解けるようになったでしょう？

以上で，「初めから始める数学 B 新課程」の講義は全て終了で〜す！みんな，ホントによく頑張ったね。疲れたって？…，そうだね。毎回毎回大変な内容だったからね。でも，でき得る限り分かりやすく教えたつもりだから，この後何回でも自分で納得いくまで反復練習してくれたら，きっとすべてマスターできると思うよ。

そして，このレベルの数学をマスターしたら，さらに上を目指して頑張ってほしい。マセマは，そんな頑張るキミ達をいつも応援しているんだよ。では，しばらくはお別れだけれど，その内さらにまたレベルアップした講義で会おうな！みんな，それまで元気で…，さようなら…。

マセマ代表　馬場敬之

1. 期待値 $E(X) = m$，分散 $V(X) = \sigma^2$，標準偏差 $D(X) = \sigma$

(1) $E(X) = \sum\limits_{k=1}^{m} x_k p_k$　(2) $V(X) = \sum\limits_{k=1}^{m} (x_k - m)^2 p_k = E(X^2) - \{E(X)\}^2$

(3) $D(X) = \sqrt{V(X)}$

2. 新たな確率変数 $Y = aX + b$ の期待値，分散，標準偏差

(1) $E(Y) = aE(X) + b$　(2) $V(Y) = a^2 V(X)$　(3) $D(Y) = |a|D(X)$

3. $E(X + Y) = E(X) + E(Y)$

4. 独立な確率変数 X と Y の積の期待値と和の分散

(1) $E(XY) = E(X)E(Y)$　(2) $V(X + Y) = V(X) + V(Y)$

5. 二項分布の期待値，分散

(1) $E(X) = np$　　　　　　(2) $V(X) = npq$　$(q = 1 - p)$

6. 確率密度 $f(x)$ に従う連続型確率変数 X の期待値，分散

(1) $E(X) = \displaystyle\int_{-\infty}^{\infty} x f(x)\, dx$　(2) $V(X) = \displaystyle\int_{-\infty}^{\infty} (x - m)^2 f(x)\, dx$

$$= E(X^2) - \{E(X)\}^2$$

7. 正規分布 $N(m, \sigma^2)$ の確率密度 $f_N(x)$

$$f_N(x) = \frac{1}{\sqrt{2\pi}\sigma} e^{-\frac{(x-m)^2}{2\sigma^2}} \quad (m = E(X),\ \sigma^2 = V(X))$$

8. 標本平均 $\overline{X}$ の期待値 $m(\overline{X})$，分散 $\sigma^2(\overline{X})$，標準偏差 $\sigma(\overline{X})$

(1) $m(\overline{X}) = m$　(2) $\sigma^2(\overline{X}) = \dfrac{\sigma^2}{n}$　(3) $\sigma(\overline{X}) = \dfrac{\sigma}{\sqrt{n}}$　$\left(\begin{array}{l} m：母平均 \\ \sigma^2：母分散 \end{array}\right)$

9. 母平均 m の（ ⅰ）95% 信頼区間，（ ⅱ）99% 信頼区間

（ ⅰ ）$\overline{X} - 1.96\,\dfrac{\sigma}{\sqrt{n}} \le m \le \overline{X} + 1.96\,\dfrac{\sigma}{\sqrt{n}}$

（ ⅱ ）$\overline{X} - 2.58\,\dfrac{\sigma}{\sqrt{n}} \le m \le \overline{X} + 2.58\,\dfrac{\sigma}{\sqrt{n}}$

10. 仮説 $H_0 : m = m_0$ の検定

n 個の標本の標本平均 $\overline{X}$ の標準化変数 Z の実現値 z を求め，これが有意水準 α によって決まる棄却域 R に入るか，入らないかで，仮説を棄却するか，しないかを決める。

◆◆◆ Appendix（付録）◆◆◆

§1. 面積公式の応用（数学Ⅱ）

「**初めから始める数学Ⅱ**」で，放物線と直線とで囲まれる図形の面積 S を求める面積公式：$S = \dfrac{|a|}{6}(\beta - \alpha)^3$ については，解説したんだね。でも，この面積公式には，これ以外に様々なものが存在し，これらをシッカリマスターしておくと，積分計算をしなくても，面積が求められるので便利なんだね。

● 放物線と直線で囲まれた図形の面積公式（Ⅰ）から始めよう！

ではまず，放物線と直線とで囲まれた図形の面積公式（Ⅰ）から始めよう！

面積公式（Ⅰ）

放物線 $y = ax^2 + bx + c$ と直線 $y = mx + n$ とで囲まれる図形の面積 S は，この 2 つのグラフの交点の x 座標 α, β $(\alpha < \beta)$ と，x^2 の係数 a の 3 つだけで，簡単に計算できる。

$$面積\ S = \frac{|a|}{6}(\beta - \alpha)^3$$

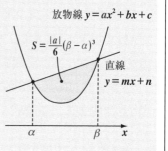

放物線 $y = ax^2 + bx + c$

$$S = \frac{|a|}{6}(\beta - \alpha)^3$$

直線 $y = mx + n$

放物線 $y = ax^2 + bx + c$ と直線 $y = mx + n$ とで囲まれる図形の面積 S が，放物線の x^2 の係数 a と，異なる 2 つの交点の x 座標 α, β $(\alpha < \beta)$ のみで計算できるんだね。では，早速，次の練習問題を解いてみよう。

練習問題 1　　面積公式（Ⅰ）　　CHECK 1　　CHECK 2　　CHECK 3

放物線 $C : y = 2x^2 - 4x$ と，直線 $l : y = 2mx + 1$ $(m：定数)$ がある。放物線 C と直線 l とで囲まれる図形の面積 S を求めよ。

放物線 $C : y = 2x^2 - 4x$ と，直線 $l : y = 2mx + 1$ との 2 つの交点の x 座標 α, β $(\alpha < \beta)$ を求めたら，放物線と直線とで囲まれる図形の面積 S を求める公式：$S = \dfrac{|a|}{6}(\beta - \alpha)^3$ を使えばいいんだね。この問題のように，2 交点の x 座標 α, β が，m の式で表されるような場合でも，面積公式を使えば，楽に面積を求めることができるんだよ。頑張ろう！

166

$$\begin{cases} y = \underset{a}{2}x^2 - 4x \quad \cdots\cdots ① \\ y = \underset{\text{傾き}}{2m}x + \underset{y切片}{1} \quad \cdots\cdots ② \end{cases}$$

$y = 2x(x-2)$ より，これは x 軸と $(0,\ 0)$，$(2,\ 0)$ で交わる下に凸の放物線だね。

点 $(0,\ \underset{y切片}{1})$ を通る傾き $2m$ の直線

とおく。①と②の交点の x 座標 α，$\beta\ (\alpha < \beta)$ を求めるために，①，②より y を消去して，

$$2x^2 - 4x = 2mx + 1$$

$$2x^2 - 4x - 2mx - 1 = 0$$

$$\underbrace{-2(m+2)x}$$

$$\underset{a}{2}x^2 - \underset{2b'}{2(m+2)}x - \underset{c}{1} = 0$$

これを解いて，

$$x = \frac{m+2 \pm \sqrt{\overbrace{(m+2)^2 - 2 \cdot (-1)}^{m^2+4m+4+2}}}{2}$$

$$= \frac{m+2 \pm \sqrt{m^2+4m+6}}{2}$$

この小さい方が α，大きい方が β だね。

解の公式
$ax^2 + 2b'x + c = 0$ の
解 $x = \dfrac{-b' \pm \sqrt{b'^2 - ac}}{a}$

よって，①の放物線 C と，②の直線 l の交点の x 座標 α，$\beta\ (\alpha < \beta)$ は，

$$\alpha = \frac{m+2 - \sqrt{m^2+4m+6}}{2}, \qquad \beta = \frac{m+2 + \sqrt{m^2+4m+6}}{2} \qquad \text{である。}$$

よって，求める放物線 C と直線 l とで囲まれる図形の面積 S を，面積公式を使って求めると，

$$S = \frac{|\underset{2}{a}|}{6}(\beta - \alpha)^3 \quad \text{より，}$$

$$\underbrace{\frac{m+2 + \sqrt{m^2+4m+6}}{2}} \qquad \underbrace{\frac{m+2 - \sqrt{m^2+4m+6}}{2}}$$

面積
$S = \dfrac{|a|}{6}(\beta - \alpha)^3$
$= \dfrac{2}{6}(\beta - \alpha)^3$
$= \dfrac{1}{3}(\beta - \alpha)^3$

$y = \underset{a}{2}x^2 - 4x$

傾き $2m$

$y = 2mx + 1$

$$S = \frac{\underbrace{|2|}_{\frac{1}{3}}}{6}\left(\frac{\cancel{m+2}+\sqrt{m^2+4m+6}}{2} - \frac{\cancel{m+2}-\sqrt{m^2+4m+6}}{2}\right)^3$$

$$= \frac{1}{3}\left(\underbrace{\frac{\sqrt{m^2+4m+6}}{2} + \frac{\sqrt{m^2+4m+6}}{2}}_{\boxed{\sqrt{m^2+4m+6}}}\right)^3 \quad \longleftarrow \boxed{\dfrac{\sqrt{A}}{2} + \dfrac{\sqrt{A}}{2} = \sqrt{A} \ \text{だからね。}}$$

$$= \frac{1}{3}\underbrace{\left(\sqrt{m^2+4m+6}\right)^3}_{\boxed{(m^2+4m+6)^{\frac{3}{2}}}}$$

$\therefore S = \dfrac{1}{3}(m^2+4m+6)^{\frac{3}{2}}$ となって，答えが求まる。

$\boxed{\begin{array}{l} A^{\frac{3}{2}} = A^1 \cdot A^{\frac{1}{2}} = A\sqrt{A} \ \text{より，この面積} S \text{は，} \\ S = \dfrac{1}{3}(m^2+4m+6)\sqrt{m^2+4m+6} \ \text{と表しても，もちろんいいよ。} \end{array}}$

どう？これで，面積公式の使い方にもずい分慣れただろう？

　この放物線と直線で囲まれた図形の面積公式は，実は，2つの放物線で囲まれた図形の面積を求めるときにも，用いることができる。面積公式の応用として，次の練習問題を解いてみよう。

練習問題 2	面積公式 (II)	CHECK 1	CHECK 2	CHECK 3

2つの放物線 $C_1 : y = \dfrac{1}{2}x^2 + 1$ …① と，$C_2 : y = -x^2 + 2x + 3$ …② がある。

(1) 2つの放物線 C_1 と C_2 の交点の x 座標を求めよ。

(2) 2つの放物線 C_1 と C_2 で囲まれる図形の面積 S を求めよ。

(1) は，①と②から y を消去して x の 2 次方程式にもち込んで，交点の x 座標を求めればいい。**(2)** では，2つの放物線 C_1 と C_2 で囲まれた図形の面積 S は，放物線と x 軸 (直線) とで囲まれた図形の面積として，面積公式を使って計算できる。

(1) 放物線 C_1：$y = f(x) = \dfrac{1}{2}x^2 + 1$　………………①

　　放物線 C_2：$y = g(x) = -x^2 + 2x + 3$

　　　　　　　　　　　　$= -(x^2 - 2x + 1) + 4$

　　　　　　　　　　　　$= -(x-1)^2 + 4$　…………②　とおく。

①と②より y を消去して，

$\dfrac{1}{2}x^2 + 1 = -x^2 + 2x + 3$　　　両辺に **2** をかけて，

$x^2 + 2 = -2x^2 + 4x + 6$　　　　$3x^2 - 4x - 4 = 0$

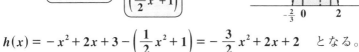

$(3x + 2)(x - 2) = 0$

よって，**2** つの放物線 C_1 と C_2 の交点の **x** 座標は，

$x = -\dfrac{2}{3}$ と **2** となることが分かるんだね。

(2) 右図に示すように，**2** つの放物線 C_1

　　と C_2 とで囲まれる図形の面積を S

　　とおくと，$-\dfrac{2}{3} \leqq x \leqq 2$ の範囲で，

　　$\underset{\boxed{\text{上側}}}{g(x)} \geqq \underset{\boxed{\text{下側}}}{f(x)}$ なので，

　　$S = \displaystyle\int_{-\frac{2}{3}}^{2} \underset{\boxed{h(x) \text{ とおく}}}{\{g(x) - f(x)\}}\, dx$　……③

　　となるのはいいね。

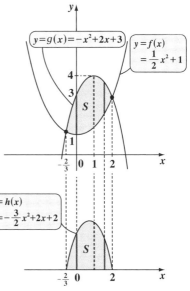

　　ここで，$h(x) = \underset{\boxed{-x^2+2x+3}}{g(x)} - \underset{\boxed{\left(\frac{1}{2}x^2+1\right)}}{f(x)}$ とおくと，

$h(x) = -x^2 + 2x + 3 - \left(\dfrac{1}{2}x^2 + 1\right) = -\dfrac{3}{2}x^2 + 2x + 2$　となる。

よって，求める面積 S は，

$S = \int_{-\frac{2}{3}}^{2} h(x)dx$ となり，これは，

右図に示すように，放物線

$y = h(x) = -\dfrac{3}{2}x^2 + 2x + 2$ と x 軸

$\underbrace{}_{\boxed{a}}$

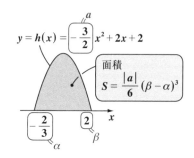

(直線) とで囲まれる図形の面積と

一致するんだね。このとき，$a = -\dfrac{3}{2}$，$\alpha = -\dfrac{2}{3}$，$\beta = 2$ より，

S は，放物線と直線とで囲まれる図形の面積公式を利用して，

$$S = \frac{|a|}{6}(\beta - \alpha)^3 = \frac{\left|-\dfrac{3}{2}\right|}{6}\left\{2 - \left(-\dfrac{2}{3}\right)\right\}^3 = \frac{\cancel{\dfrac{3}{2}}}{\cancel{6}}\cdot\left(\frac{8}{3}\right)^3 = \frac{1}{\cancel{4}} \times \frac{\overset{2}{\cancel{8}}\times 64}{3^3}$$

$\therefore S = \dfrac{128}{27}$ となって，答えだ！どう？これも面白かったでしょう？

　それでは，重要な面積公式 (Ⅱ) を紹介しておこう。今度は，放物線と 2 本の接線とで囲まれる図形の面積は次の公式でアッという間に求められるんだね。これも重要公式なので，シッカリ頭に入れよう！

■ 面積公式 (Ⅱ)

$y = ax^2 + bx + c$ とその 2 つの接線①，②とで囲まれる図形の面積 S は，放物線と 2 接線の接点の x 座標 α，$\beta(\alpha < \beta)$ と，x^2 の係数 a の 3 つだけで，次のように簡単に計算できる。

$$\text{面積 } S = \frac{|a|}{12}(\beta - \alpha)^3$$

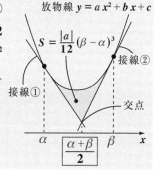

この面積公式についても，次の練習問題で早速練習しておこう。

放物線 $C : y = f(x) = \dfrac{1}{2} x^2$ と，点 A$(1, \ -4)$ がある。

(1) 点 A を通り，放物線 C に接する 2 本の接線 L_1 と L_2 の方程式を求めよ。

(2) 放物線 C と 2 本の接線 L_1，L_2 とで囲まれる図形の面積 S を求めよ。

(1) は，放物線 C 上にない点 A から放物線 C に引く接線の方程式を求める問題なんだね。この問題の解法の手順は，次の 3 ステップだよ。

(i) 放物線 $C : y = f(x)$ 上の点 $(t, \ f(t))$ における接線の方程式

　　$y = f'(t) \cdot (x - t) + f(t)$ ………① を立てる。

(ii) ①は，点 A$(1, \ -4)$ を通るので，この座標を①に代入して，t の 2 次方程式を作る。

(iii) t の 2 次方程式を解いて，t の値を①に代入して，接線の方程式を求める。

ちょっとメンドウだけれど，頑張ろう。

(2) は，放物線と 2 つの接線とで囲まれる図形の面積を求める問題なので，面積公式 $S = \dfrac{|a|}{12} (\beta - \alpha)^3$ を使えば，簡単に答えを導けるんだね。

(1)　放物線 $C : y = f(x) = \dfrac{1}{2} x^2$ を x で微分

　　して，

　　$f'(x) = \left(\dfrac{1}{2} x^2 \right)' = \dfrac{1}{2} \cdot 2x = x$

> $f(1) = \dfrac{1}{2} \cdot 1^2 = \dfrac{1}{2}$ となるので，点 A$(1, \ -4)$ は放物線 C 上の点ではないね。

(i)　よって，放物線 C 上の点 $\left(t, \ \underset{\overbrace{f(t)}}{\dfrac{1}{2} t^2} \right)$ における接線の方程式は

　　$y = \overset{\frown}{t \cdot (x - t)} + \dfrac{1}{2} t^2$　　　　$y = t \cdot x \underbrace{- t^2 + \dfrac{1}{2} t^2}_{\boxed{-\frac{1}{2} t^2}}$

　　$[y = f'(t) \cdot (x - t) + f(t)]$

　　$y = t \cdot x - \dfrac{1}{2} t^2$　……① となる。

> **1st.** ステップ
> まず，C 上の点 $(t, f(t))$ における接線の式を立てる。

171

(ii) 接線 $\underline{y = t \cdot \underset{\sim}{x} - \dfrac{1}{2} t^2}$ ‥‥‥① は点 $A(\underset{\sim}{1}, \underline{-4})$

を通るので，A の座標を①に代入して

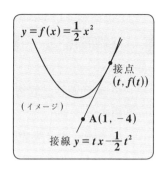

$y = f(x) = \dfrac{1}{2} x^2$

接点 $(t, f(t))$

（イメージ）

$A(1, -4)$

接線 $y = tx - \dfrac{1}{2} t^2$

$\underline{\underline{-4}} = t \cdot \underset{\sim}{1} - \dfrac{1}{2} t^2$

$\dfrac{1}{2} t^2 - t - 4 = 0$　　両辺に 2 をかけて，

$t^2 - 2t - 8 = 0$　‥‥‥②

たして $-4 + 2$　　かけて $(-4) \cdot 2$

2nd. ステップ
A の座標を代入して，t の 2 次方程式を立てる。

(iii) ②を解いて，

3rd. ステップ
t の値を求めて，それらを①に代入して，2 本の接線の方程式を求める。

$(t - 4)(t + 2) = 0$　$\therefore t = 4, -2$

(ア) $t = 4$ を①に代入して，

$y = 4 \cdot x - \dfrac{1}{2} \cdot 4^2$　　$\therefore$ 接線 L_1 の方程式は，$y = 4x - 8$　となる。

$-\dfrac{1}{2} \times 16 = -8$

(イ) $t = -2$ を①に代入して，

$y = -2 \cdot x - \dfrac{1}{2} \cdot (-2)^2$ $\therefore$ 接線 L_2 の方程式は，$y = -2x - 2$　となる。

$-\dfrac{1}{2} \times 4 = -2$

以上 (i) (ii) (iii) より，点 A を通り放物線

C に接する 2 本の接線 L_1, L_2 の方程式は，

$\begin{cases} L_1 : y = 4x - 8 \\ L_2 : y = -2x - 2 \end{cases}$　　となって答えだ。

もちろん，$L_1 : y = -2x - 2$, $L_2 : y = 4x - 8$ としても答えだよ。

どう？面白かった？

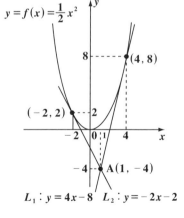

$y = f(x) = \dfrac{1}{2} x^2$

$(4, 8)$

$(-2, 2)$

$A(1, -4)$

$L_1 : y = 4x - 8$　$L_2 : y = -2x - 2$

(2) 放物線 $C：y = f(x) = \dfrac{1}{2}x^2$ と，その

2 つの接線 $L_1：y = 4x - 8$ と

$L_2：y = -2x - 2$ とで囲まれる図形

の面積 S は

$\cdot a = \dfrac{1}{2}$，$\alpha = -2$，$\beta = 4$ の 3 つの

値から，面積公式を使うと，

$$S = \frac{|a|}{12}(\beta - \alpha)^3$$

$$= \frac{\left|\frac{1}{2}\right|}{12}\{4 - (-2)\}^3$$

$$= \frac{1}{24} \times 6^3 = \frac{6^3}{6 \times 4} = \frac{6^2}{4}$$

$$= \frac{36}{4} = 9 \qquad となって，簡単に$$

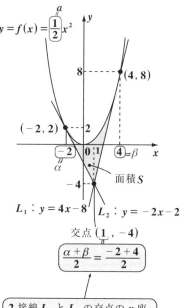

$$\frac{\alpha + \beta}{2} = \frac{-2 + 4}{2}$$

2 接線 L_1 と L_2 の交点の x 座標は，2 つの接点の x 座標 α と β の相加平均 $\dfrac{\alpha + \beta}{2}$ に必ずなるんだね。これも覚えておこう！

答えは，求まってしまうんだね。でも，答案には，積分計算の式をキチンと書いておくようにしよう。

　今回の面積 S を積分の式で表すと，次のように 2 つの部分の面積の和の形になるんだね。

$$面積\ S = \int_{-2}^{1}\left\{\underbrace{\frac{1}{2}x^2}_{f(x)} - (-2x - 2)\right\}dx + \int_{1}^{4}\left\{\underbrace{\frac{1}{2}x^2}_{f(x)} - (4x - 8)\right\}dx$$

$$\left[\ \begin{matrix} y = f(x) \\ -2 \quad 1 \quad x \\ L_2：y = -2x - 2 \end{matrix} \quad + \quad \begin{matrix} y = f(x) \\ 1 \quad 4 \quad x \\ L_1：y = 4x - 8 \end{matrix}\ \right]$$

$$= \int_{-2}^{1}\left(\frac{1}{2}x^2 + 2x + 2\right)dx + \int_{1}^{4}\left(\frac{1}{2}x^2 - 4x + 8\right)dx$$

以上より，求める面積 S は，

この結果は面積公式から求めた。

$$S = \underbrace{\int_{-2}^{1}\left(\frac{1}{2}x^2 + 2x + 2\right)dx}_{\text{⑦}} + \underbrace{\int_{1}^{4}\left(\frac{1}{2}x^2 - 4x + 8\right)dx}_{\text{①}} = 9 \quad \text{となって，答えだ！}$$

もちろん，⑦と①を実際に積分してみると，

⑦ $\displaystyle\int_{-2}^{1}\left(\frac{1}{2}x^2 + 2x + 2\right)dx = \left[\frac{1}{6}x^3 + x^2 + 2x\right]_{-2}^{1}$

$\displaystyle = \underbrace{\frac{1}{6}\cdot 1^3 + 1^2 + 2\cdot 1}_{3} - \left\{\underbrace{\frac{1}{6}\cdot(-2)^3}_{-\frac{8}{6}=-\frac{4}{3}} + \underbrace{(-2)^2 + 2\cdot(-2)}_{4-4=0}\right\}$

$\displaystyle = \frac{1}{6} + 3 + \frac{4}{3} = \frac{1 + 18 + 8}{6} = \frac{27}{6} = \frac{9}{2} \quad \text{となるし，}$

① $\displaystyle\int_{1}^{4}\left(\frac{1}{2}x^2 - 4x + 8\right)dx = \left[\frac{1}{6}x^3 - 2x^2 + 8x\right]_{1}^{4}$

$\displaystyle = \underbrace{\frac{1}{6}\cdot 4^3}_{\frac{32}{3}} \underbrace{- 2\cdot 4^2 + 8\cdot 4}_{-32+32=0} - \left(\underbrace{\frac{1}{6}\cdot 1^3}_{\frac{1}{6}} \underbrace{- 2\cdot 1^2 + 8\cdot 1}_{-2+8=6}\right)$

$\displaystyle = \frac{32}{3} - \frac{1}{6} - 6 = \frac{64 - 1 - 36}{6} = \frac{27}{6} = \frac{9}{2} \quad \text{となるので，}$

$S = \underbrace{\frac{9}{2}}_{\text{⑦}} + \underbrace{\frac{9}{2}}_{\text{①}} = 9 \quad \text{となって，ナルホド面積公式で求めた結果と一致するん}$

だね。数学って，よく出来てるだろう！

　では，これとよく似たもう1つの面積公式(Ⅲ)も紹介しておこう。2つ
の放物線と，これらの共通接線とで囲まれる図形の面積は，次の面積公式
を使えば簡単に求めることができる。応用公式ではあるんだけれど，これ
も試験で狙われる可能性があるので，ここでシッカリ練習しておこう！

面積公式 (III)

2つの放物線：

$y = ax^2 + bx + c$ ……① と

$y = ax^2 + b'x + c'$ ……② と，

これらの共通接線 l とで囲まれる図形の面積 S は，2つの接点の x 座標 α，β $(\alpha < \beta)$ と，x^2 の係数 a の3つだけで，次のように簡単に計算できる。

$$S = \frac{|a|}{12}(\beta - \alpha)^3$$

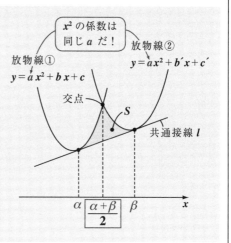

x^2 の係数は同じ a だ！

放物線①
$y = ax^2 + bx + c$

放物線②
$y = ax^2 + b'x + c'$

交点

S

共通接線 l

$\alpha \quad \boxed{\dfrac{\alpha+\beta}{2}} \quad \beta$

この場合，2つの放物線①と②の x^2 の係数は共に a で同じでなければならないことに注意しよう。また，この2つの放物線①と②の交点の x 座標が $\dfrac{\alpha+\beta}{2}$ となることも要注意だね。

では，この面積公式も，次の簡単な練習問題で利用してみよう。

練習問題 4	面積公式 (IV)	CHECK 1	CHECK 2	CHECK 3

2つの放物線 $y = f(x) = 2x^2$ ……① と，$y = g(x) = 2(x-2)^2$ ……②
と x 軸とで囲まれる図形の面積 S を求めよ。

①の放物線 $y = f(x)$ は原点 $O(0, 0)$ で，また②の放物線 $y = g(x)$ は点 $(2, 0)$ で x 軸と接するので，x 軸が，これら①と②の2つの放物線の共通接線になっているんだね。よって，面積公式 (III) が利用できるんだね。

$\begin{cases} y = f(x) = 2x^2 \cdots\cdots\cdots\cdots\cdots ① と \\ y = g(x) = 2(x-2)^2 \cdots\cdots ② は， \end{cases}$

右図に示すように，x 軸と

原点 $(0, 0)$ と点 $(2, 0)$ で接する。

また，①と②の交点の x 座標は，

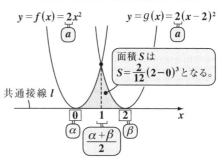

$y = f(x) = 2x^2$ $\boxed{a}$

$y = g(x) = 2(x-2)^2$ $\boxed{a}$

面積 S は
$S = \dfrac{2}{12}(2-0)^3$ となる。

共通接線 l

$\boxed{0} \quad \boxed{1} \quad \boxed{2}$
$\boxed{\alpha} \quad \boxed{\dfrac{\alpha+\beta}{2}} \quad \boxed{\beta}$

175

$1\left(=\dfrac{\alpha+\beta}{2}=\dfrac{0+2}{2}\right)$ である。

よって，①，②の 2 つの放物線と，その共通接線である x 軸とで囲まれる図形の面積 S は，

$$S=\int_0^1 f(x)dx+\int_1^2 g(x)dx$$

$$=\int_0^1 2x^2dx+\int_1^2 2(x-2)^2dx$$

$$\left[\begin{array}{c} y=f(x) \qquad y=g(x) \\ + \\ 0\ \ 1\ x \qquad 1\ \ 2\ x \end{array}\right]$$

> **2 つの放物線①，②と，その共通接線 x 軸とで囲まれる図形の面積 S は，**
> $a=2$，$\alpha=0$，$\beta=2$ より，
> $S=\dfrac{|a|}{12}(\beta-\alpha)^3$
> $\quad=\dfrac{2}{12}(2-0)^3$
> $\quad=\dfrac{2^4}{12}=\dfrac{16}{12}=\dfrac{4}{3}$
> となる。

$$=\dfrac{4}{3} \quad となって，答えだ。$$

これも，まともに積分計算すると，

$$S=2\int_0^1 x^2dx+2\int_1^2 (x^2-4x+4)\,dx$$

$$=2\left[\dfrac{1}{3}x^3\right]_0^1+2\left[\dfrac{1}{3}x^3-2x^2+4x\right]_1^2$$

$$=2\times\dfrac{1}{3}+2\left\{\dfrac{8}{3}-\cancel{8}+\cancel{8}-\left(\dfrac{1}{3}-2+4\right)\right\}$$

$$=\dfrac{2}{3}+2\left(\dfrac{7}{3}-2\right)=\dfrac{2}{3}+2\times\dfrac{1}{3}=\dfrac{4}{3} \quad となって，面積公式で算出した$$

結果と一致するんだね。大丈夫だった？

それでは，もう 1 題，より本格的な 2 つの放物線とその共通接線で囲まれる図形の面積計算の問題を解いてみよう。

2つの放物線 $C_1: y = f(x) = x^2$ と，$C_2: y = g(x) = x^2 - 6x + 15$ がある。

(1) 放物線 C_1 上の点 $(1, 1)$ における接線 l の方程式を求めよ。

　　また，l は放物線 C_2 の接線であることも確認せよ。

(2) 2つの放物線 C_1 と C_2，およびこれらの共通接線 l とで囲まれる図形の面積 S を求めよ。

---

(1) $C_1: y = f(x)$ 上の点 $(1, f(1))$ における接線 l の方程式は，公式：$y = f'(1) \cdot (x-1) + f(1)$ から求められる。次に，l と C_2 の方程式から y を消去して，x の2次方程式を作り，それが重解をもつことを確認すればいいんだね。(2)では2つの放物線と共通接線とで囲まれる図形の面積公式：$S = \dfrac{|a|}{12}(\beta - \alpha)^3$ を利用して計算しよう。

$$\begin{cases} \text{放物線 } C_1: y = f(x) = x^2 & \cdots\cdots\cdots① \\ \text{放物線 } C_2: y = g(x) = x^2 - 6x + 15 & \cdots\cdots② \end{cases} \text{ とおく。}$$

> $y = g(x) = (x^2 - 6x + 9) + 15 - 9$
> $= (x-3)^2 + 6$ より，$y = g(x)$ は，
> 頂点 $(3, 6)$ の下に凸の放物線

(1) ①を x で微分して，$f'(x) = 2x$

よって，$y = f(x)$ 上の点 $(1, 1)$ における C_1 の接線 l の方程式は，

$\overbrace{f(1)}$

$y = \overbrace{2} \cdot (x-1) + 1 \quad \leftarrow \boxed{y = f'(1) \cdot (x-1) + f(1)}$

$\therefore$ 接線 $l: y = 2x - 1 \cdots\cdots③$ となる。

次に②と③から y を消去して，

$x^2 - 6x + 15 = 2x - 1$

$x^2 - 8x + 16 = 0 \quad (x-4)^2 = 0$

$\therefore x = 4$（重解）となるので，右図に示すように，放物線 C_2 と直線 l は，$x = 4$ のとき，すなわち点 $(4, 7)$

$\underbrace{}_{2\cdot 4 - 1}$

において接することが確認できた。

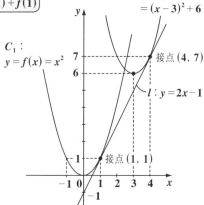

$C_2: y = g(x)$
$= (x-3)^2 + 6$

$C_1:$
$y = f(x) = x^2$

接点 $(4, 7)$

$l: y = 2x - 1$

接点 $(1, 1)$

> つまり，直線 l は2つの放物線 C_1 と C_2 の共通接線であることが分かったんだね。

(2) $C_1 : y = f(x) = \underset{\boxed{a}}{1} \cdot x^2$ と,

$C_2 : y = g(x) = \underset{\boxed{a}}{1} \cdot x^2 - 6x + 15$ と,

$l : y = 2x - 1$ とで囲まれる

図形の面積 S を求めると,

$$S = \int_1^{\frac{5}{2}} \{f(x) - (2x - 1)\}dx$$

$$+ \int_{\frac{5}{2}}^4 \{g(x) - (2x - 1)\}dx$$

$$\left[+ \right]$$

$$= \frac{1}{12}(4 - 1)^3$$

$$= \frac{3^3}{12} = \frac{3^2}{4}$$

面積公式
$S = \dfrac{|a|}{12}(\beta - \alpha)^3$
$(a = 1,\ \alpha = 1,\ \beta = 4)$

$$= \frac{9}{4}$$ となって,答えが導ける。

もちろん,積分計算:
$S = \displaystyle\int_1^{\frac{5}{2}}(x^2 - 2x + 1)dx + \int_{\frac{5}{2}}^4(x^2 - 8x + 16)dx$
を行っても同じ結果が得られる。
チャレンジしたい人はやってみよう!

$C_2 : y = g(x)$
$= \underset{\boxed{a}}{1} \cdot x^2 - 6x + 15$

$C_1 :$
$y = f(x) = \underset{\boxed{a}}{1} \cdot x^2$

$l :$
$y = 2x - 1$

$S = \dfrac{|a|}{12}(\beta - \alpha)^3$

$\dfrac{\alpha + \beta}{2} = \dfrac{5}{2}$

$\begin{cases} y = f(x) = x^2 \\ y = g(x) = x^2 - 6x + 15 \end{cases}$ より

y を消去して,
$x^2 = x^2 - 6x + 15,\ 6x = 15$
$\therefore\ x = \dfrac{15}{6} = \dfrac{5}{2}$ として,C_1 と C_2
の交点の x 座標を求めてもいい。

　これまでの面積公式 (Ⅰ)(Ⅱ)(Ⅲ) は,いずれも **2** 次関数 (放物線) に関する
ものだったんだね。でも,最後に紹介する面積公式 (Ⅳ) は,**3** 次関数とその
接線とによって囲まれた図形の面積 S を求めるものなんだね。これも覚えて
おくと,とても便利な公式だから是非使いこなせるようになろう!

面積公式 (Ⅳ)

3次関数 $y = ax^3 + bx^2 + cx + d$ とその接線 $y = mx + n$ とで囲まれる図形の面積 S は，この2つのグラフの共有点（接点と交点）の x 座標 α, β $(\alpha < \beta)$ と，3次関数の x^3 の係数 a の3つだけで，次のように計算できる。

$$S = \frac{|a|}{12}(\beta - \alpha)^4$$

> 3次関数の積分なので，$(\beta - \alpha)^4$（4乗）となっていることに注意しよう。
> また，α と β は，いずれが接点，交点の x 座標でも構わない。いずれにせよ，$\alpha < \beta$ となるようにとればいい。（α が接点，β が交点の x 座標でも構わない。）

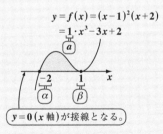

3次関数 $y = ax^3 + bx^2 + cx + d$

$S = \dfrac{|a|}{12}(\beta - \alpha)^4$

接線 $y = mx + n$

α　β　x

では，次の練習問題で，この面積公式 (Ⅳ) も利用してみよう。

練習問題 6　　面積公式 (Ⅵ)　　CHECK 1　CHECK 2　CHECK 3

3次関数 $y = f(x) = (x-1)^2(x+2)$ ……① と x 軸とで囲まれる図形の面積 S を求めよ。

---

①の3次関数 $y = f(x) = (x-1)^2(x+2)$ は，x 軸 $(y=0)$ と $x = -2$ で交わり，$x = 1$ で接し，かつ x^3 の係数は 1（正）より，右図のような N 字型の3次関数のグラフになる。よって，x 軸 $(y=0)$ は，$y = f(x)$ の接線となるんだね。従って，$y = f(x)$ と接線の x 軸とで囲まれる図形の面積 S は，$a = 1$，$\beta = 1$，$\alpha = -2$ から，面積公式：$S = \dfrac{|a|}{12}(\beta - \alpha)^4$ を用いて求められるんだね。

$y = f(x) = (x-1)^2(x+2)$
$= 1 \cdot x^3 - 3x + 2$
$\boxed{a}$

-2　1　x
$\boxed{\alpha}$　$\boxed{\beta}$

$y = 0 \, (x \text{軸})$ が接線となる。

3次関数 $y = f(x) = (x-1)^2(x+2)$ ……① について，

$y = 0$ を代入すると，$(x-1)^2(x+2) = 0$ となって，この解は，

$x = \underline{1(\text{重解})}, \underline{-2}$ となる。

接点の x 座標 β　交点の x 座標 α

また，①の右辺を展開すると，

$y = f(x) = (x+2)(x^2-2x+1)$

$= x^3 - 2x^2 + x + 2x^2 - 4x + 2$

$= \underset{a}{1} \cdot x^3 - 3x + 2$　となって，x^3 の

係数が 1 で正より，$y = f(x)$ は，右

図に示すように，x 軸と $x = -2$ で

交わり，$x = 1$ で接する N 字型の

グラフとなる。

よって，$y = f(x)$ と x 軸は接する

ので，$y = f(x)$ と x 軸 (接線) とで

囲まれる図形の面積 S は，

$S = \displaystyle\int_{-2}^{1} f(x)\,dx$

$= \displaystyle\int_{-2}^{1}(x^3 - 3x + 2)\,dx = \dfrac{27}{4}$　となって，答えだね。

右図：

$y = f(x) = (x-1)^2(x+2)$
$= \underset{a}{1} \cdot x^3 - 3x + 2$

$\alpha = -2$　$\beta = 1$

面積 $S = \dfrac{|a|}{12}(\beta - \alpha)^4$

$= \dfrac{1}{12}\{1 - (-2)\}^4$

$= \dfrac{3^4}{12} = \dfrac{3^3}{4} = \dfrac{27}{4}$

と，簡単に求められる！

　これも，実際に積分して，同じ結果となることを確認しておこう。

$S = \displaystyle\int_{-2}^{1}(x^3 - 3x + 2)\,dx = \left[\dfrac{1}{4}x^4 - \dfrac{3}{2}x^2 + 2x\right]_{-2}^{1}$

$= \dfrac{1}{4} - \dfrac{3}{2} + 2 - \left\{\dfrac{1}{4}\cdot(-2)^4 - \dfrac{3}{2}\cdot(-2)^2 + 2\cdot(-2)\right\}$

$= \dfrac{1}{4} + \dfrac{1}{2} - (4 - 6 - 4) = \dfrac{3}{4} + 6 = \dfrac{3+24}{4} = \dfrac{27}{4}$　となって，

面積公式 (Ⅳ) で求めた結果と一致するんだね。納得いった？

以上で，面積公式の解説も終了です。**4**つの面積公式を使いこなせるように，反復練習をすることだね。

　そして，さらに問題練習をやりたい方は，「**初めから解ける数学 II・B 問題集 新課程**」(マセマ)で学習するといいね。これで，数学 **II・B** の基礎をシッカリ固めることができるはずだ。

　そして，さらに，難度を上げて，実力アップを狙いたい方は，「**元気が出る数学**」シリーズや「**合格！数学**」シリーズにチャレンジしてみよう。共通テストや **2** 次試験対策に最適な参考書なので，きっと役に立つはずだ。

　頑張るみなさんを，マセマ一同心より，応援しています！

◆ *Term · Index* ◆

スバラシク面白いと評判の
初めから始める数学 **B**
新課程 改訂 1

マセマ

著　者　馬場 敬之
発行者　馬場 敬之
発行所　マセマ出版社
〒 332-0023 埼玉県川口市飯塚 3-7-21-502
TEL 048-253-1734　FAX 048-253-1729
Email：info@mathema.jp
https://www.mathema.jp

編　集	山﨑 晃平	
校閲・校正	高杉 豊　秋野 麻里子　馬場 貴史	
制作協力	久池井 茂　久池井 努　印藤 治	
	滝本 隆　栄 瑠璃子　真下 久志	
	間宮 栄二　町田 朱美	
カバーデザイン	児玉 篤　児玉 則子	
ロゴデザイン	馬場 利貞	
印刷所	中央精版印刷株式会社	

令和 4 年 9 月 11 日　初版発行
令和 5 年 9 月 7 日　改訂 1 初版発行

ISBN978-4-86615-312-4 C7041